SURGEON BOOKS

整形外科疾患に対する系統的検査STEPS

犬の跛行診断

Lameness Examination in Dogs

林 慶
Kei HAYASHI

本阿彌宗紀
Muneki HONNAMI

動画配信

◆謹告◆

　本書に記載した診断および治療法は，出版時において一般的に実施されている方法です。
本書に記載された診断および治療法を個々の患者に適応する責任は各獣医師にあり，その内容に
基づく不測の事態に対し，著者ならびに出版社はその責を負いかねますのでご了承ください。

まえがき

　犬の整形外科疾患とは，つまり運動器の異常です。運動器は，骨，関節，筋，腱，靭帯，そして神経の総称です。肢を構成する骨は，前肢には肩甲骨，上腕骨，橈骨，尺骨，手根骨，そして指骨，後肢には骨盤，大腿骨，脛骨，腓骨，足根骨，趾骨と部位だけで数えても12個あります。また，肢を構成するおもな関節は，前肢で肩，肘，手根，後肢で股，膝，足根の6箇所あります。これが四本の肢にありますから，少なくとも骨は48個，関節は24箇所あるということになります。ここにさらに筋，腱，靭帯が加わるので，起こり得る整形外科疾患はさらに膨大な数になることは言うまでもありません。しかし，これらの疾患の症状は，ほぼ共通して「跛行」です。患者自身が，どこが痛い，どうすると痛い，いつ痛いなどと話してくれれば診断への道のりはぐっと短くなるのですが，犬の跛行診断において私たち獣医師は，この無数にある運動器の中から跛行の原因となっている病変部を見つけ出さなくてはならず，忙しい日々の診療の中でこの壮大な「冒険」に挑むのはとても勇気がいることです。

　それでは整形外科を得意もしくは専門とする獣医師はどうやって病変部を見つけているのでしょうか？　実は，跛行診断においては「特殊な技術」「特殊な検査」はほとんど必要ありません。問診，視診，歩様検査，触診，単純X線検査などのごくありふれた検査だけで，ほとんどの疾患の仮診断や診断が可能です。どんな患者に対しても毎回これらの検査を系統的に行うこと，この「ルーチンワーク」こそが跛行診断で最も重要なことです。しかし，一般的な成書では肝心の「ルーチンワーク」についてはほとんど記載がなく，非常に学びにくい分野であることも事実です。

　本書では，この「ルーチンワーク」について細かくSTEPに分けて解説し，さらには各部位の典型的な疾患とその診断検査についても解説しています。本書を読み終える頃には，今まで壮大な「冒険」と思っていた跛行診断が楽しい「散歩」程度に思えていただければ幸いです。

　なお，本書は小動物外科専門誌「SURGEON」51号（2005年5月）～76号（2009年7月）にかけて林 慶が執筆した連載記事を基とし，林および本阿彌宗紀が加筆・修正したものです。本阿彌は加筆・修正にあたり一部の画像の差し替え・追加を行い，さらには動画を提供しました。そのため動画は本文と若干仕様が異なっていますが，検査の流れやスピード感，圧のかけ方などの参考として視聴していただきたいと思います。

　最後になりますが，本書を企画し，その基となる連載を支えてくれた「SURGEON」誌の編集部に感謝します。

2016年5月

林　　　慶

本阿彌宗紀

【謝　辞】

本書の作成にあたり，写真を提供していただいた永岡勝好先生，枝村一弥先生，
Dr. Loic Dejardin，Dr. Dirsko von Pfeil, Dr. Amy Kapatkinに深謝いたします。

Contens

まえがき ……………………………………………………………………………… iii

第1章　跛行診断のSTEPS

STEP 1　シグナルメントと主訴 ……………………………………………… 2

STEP 2　問　診 ………………………………………………………………… 4

STEP 3　第一次仮診断 ………………………………………………………… 5

STEP 4　視　診 ………………………………………………………………… 6

STEP 5　第二次仮診断 ………………………………………………………… 11

STEP 6　身体検査（立位） …………………………………………………… 12

STEP 7　整形外科学的検査（立位） ………………………………………… 16

STEP 8　整形外科学的検査（横臥位） ……………………………………… 21

STEP 9　第三次仮診断 ………………………………………………………… 39

STEP 10　診断計画，診断検査 ……………………………………………… 41

第2章　前肢の跛行診断

肩関節およびその周囲の異常に対する跛行診断 ………………………… 48

　はじめに ……………………………………………………………………… 48

肩関節脱臼 ……………………………………………………………………… 48

肩関節（上腕骨）離断性骨軟骨症 ……………………………………………… 51

肩関節の骨関節症 ……………………………………………………………… 54

肩関節腱症 ……………………………………………………………………… 56

棘下筋腱拘縮症 ………………………………………………………………… 60

上腕二頭筋腱断裂 ……………………………………………………………… 61

肩関節不安定症（動揺肩） …………………………………………………… 62

肩関節およびその周囲の異常に対する特殊検査 …………………………… 65

肘関節およびその周囲の異常に対する跛行診断 ……………………… 70

はじめに ………………………………………………………………………… 70

先天性肘関節脱臼 ……………………………………………………………… 73

肘関節不一致（亜脱臼） ……………………………………………………… 74

肘関節骨折 ……………………………………………………………………… 76

汎骨炎 …………………………………………………………………………… 77

肘関節形成不全 ………………………………………………………………… 78

前腕，手根関節およびその周囲の異常に対する跛行診断 …………… 97

はじめに ………………………………………………………………………… 97

前腕骨折 ………………………………………………………………………… 99

前腕成長異常 ………………………………………………………………… 100

成長板障害 …………………………………………………………………… 104

前腕，手根，指端部の骨折 ·· 106

手根関節障害(捻挫) ·· 108

指端の骨関節症 ··· 110

肥大性骨症 ·· 110

鑑別すべき整形外科疾患以外の疾患 ····································· 111

第3章　後肢の跛行診断

股関節およびその周囲の異常に対する跛行診断 ························· 114

はじめに ·· 114

大腿骨頭壊死症 ··· 116

股関節形成不全 ··· 118

股関節骨関節症 ··· 125

鑑別すべき整形外科疾患以外の疾患 ····································· 126

膝関節およびその周囲の異常に対する跛行診断 ····················· 133

はじめに ·· 133

汎骨炎 ··· 136

成長板骨折 ·· 137

膝蓋骨脱臼(膝蓋骨不安定症) ·· 139

膝関節離断性骨軟骨症 ··· 145

前十字靭帯疾患(前十字靭帯断裂とそれに関連する病態) ····················· 147

半月板損傷 ……………………………………………………………………………………… 153

長趾伸筋腱の異常／起始部の剥離，転位・脱臼，断裂，石灰（鉱質）化 ………………… 158

腓腹筋種子骨の異常／剥離，転位 ………………………………………………………… 161

鑑別すべき整形外科疾患以外の疾患 ……………………………………………………… 162

下腿，足根関節およびその周囲の異常に対する跛行診断 ………… 166

はじめに ………………………………………………………………………………………… 166

足根関節離断性骨軟骨症 ……………………………………………………………………… 167

アキレス腱（総踵骨腱）の異常 ……………………………………………………………… 169

浅指屈筋腱脱臼（転位） ……………………………………………………………………… 173

鑑別すべき整形外科疾患以外の疾患 ……………………………………………………… 174

さくいん ………………………………………………………………………………………… 175

資料 整形外科疾患に対する身体検査カルテ（例） ………………………………… 180

動画の閲覧方法 ▶ 動画配信

本書に関連した動画（合計約10分）を閲覧するには下記URLにアクセスして，IDおよびパスワードを入力してください。

URL
http://surg.b.interzoo.co.jp/login

ログインID
k9gait

パスワード
lame2806

動画もくじ
1. 前肢・後肢の整形外科学的検査（立位）　18

前肢
2. 肢端，手根関節の整形外科学的検査（横臥位）　22
3. 肘関節の整形外科学的検査（横臥位）　27
4. 肩関節の整形外科学的検査（横臥位）　28

後肢
5. 肢端，足根関節の整形外科学的検査（横臥位）　32
6. 膝関節の整形外科学的検査（横臥位）　34
7. 股関節の整形外科学的検査（横臥位）　36

第1章 跛行診断のSTEPS

　跛行診断を実施するうえで重要なことは，疑わしい疾患を考慮しながら同時に先入観にとらわれないことである。これを達成するためには，正しい知識をもとに作成した鑑別診断リストを徹底的な検査に基づいて確定または除外するというプロセスが必要となる。いくつかの特殊な病態を除いて，多くの原因疾患は視診，触診，およびX線検査などによって診断することが可能である。本章では診断までのプロセスを以下に示すステップに整理し，ステップごとに情報を整理し仮診断を繰り返すという方法を紹介する。これが唯一の正しい方法というわけではないが，これを参考にして獣医師それぞれが系統だった診断法を確立することを本章の最終目的とする。

STEP 1　シグナルメントと主訴
STEP 2　問　診
STEP 3　第一次仮診断
STEP 4　視　診
STEP 5　第二次仮診断
STEP 6　身体検査（立位）
STEP 7　整形外科学的検査（立位）
STEP 8　整形外科学的検査（横臥位）
STEP 9　第三次仮診断
STEP 10　診断計画，診断検査

　　　　　　最終診断

STEP 1 シグナルメントと主訴
Signalment and Chief Complaint

　カルテを手にした瞬間から跛行診断が始まる。シグナルメント（年齢，性別，品種またはサイズ）および主訴（前肢跛行もしくは後肢跛行）を知ることにより，ある特定の整形外科疾患を疑うことが可能となる。ただし，主訴はあくまで飼い主の主観的な情報であるため，必ずしも正しいとは限らない。片側の跛行という主訴であっても両側性跛行である場合も少なくない。また，左右を間違えていたり，どちらが患肢かわからないこともある。まずは大まかに前肢跛行なのか後肢跛行なのかを確認することが重要である。シグナルメントと跛行の位置から鑑別診断リストを作成し，考慮すべき疾患を整理する（表1-1，表1-2）。

表1-1 シグナルメントと前肢跛行から考えられる鑑別診断リスト

小型犬

若齢犬	成犬
橈尺骨遠位骨折 上腕骨遠位骨折 その他の外傷 *その他，稀に認められる状態* 先天性肘関節脱臼 先天性肩関節脱臼 成長異常	脊髄疾患 外傷 免疫介在性多発性関節炎 上腕骨遠位骨折 *その他，稀に認められる状態* 肩関節不安定症

中大型犬

若齢犬	成犬
肘関節形成不全 肩関節離断性骨軟骨症（OCD） 汎骨炎 手根関節過伸展 前腕成長異常 種子骨損傷 腋窩神経叢損傷 その他の外傷 *その他，稀に認められる状態* 外傷性肘関節脱臼 肥大性骨異栄養症	肘関節骨関節症 骨腫瘍 二頭筋腱炎 棘上筋腱石灰化症 脊髄疾患 免疫介在性多発性関節炎 種子骨損傷 その他の外傷 *その他，稀に認められる状態* 外傷性肘関節脱臼 腋窩神経叢腫瘍 肥大性骨症 肩関節不安定症

*前肢跛行を呈する病態を一般的に多くみられる順に示す。

第1章　跛行診断のSTEPS

表1-2 シグナルメントと後肢跛行から考えられる鑑別診断リスト

後肢

小型犬

若齢犬	成犬
膝蓋骨脱臼 大腿骨頭壊死 外傷 その他，稀に認められる状態 脊髄疾患（先天的奇形） 成長異常	膝蓋骨脱臼 前十字靭帯疾患 脊髄疾患 底側靭帯損傷 骨腫瘍 股関節脱臼 股関節骨関節症 その他，稀に認められる状態 浅趾屈筋腱脱臼 免疫介在性多発性関節炎

中大型犬

若齢犬	成犬
股関節形成不全 足根関節離断性骨軟骨症（OCD） 汎骨炎 前十字靭帯疾患（裂離骨折） 膝蓋骨脱臼 股関節脱臼 その他の外傷 その他，稀に認められる状態 膝関節離断性骨軟骨症（OCD） 大腿四頭筋拘縮 肥大性骨異栄養症 成長異常	前十字靭帯疾患 股関節骨関節症 アキレス腱断裂 骨腫瘍 脊髄疾患 膝蓋骨脱臼 免疫介在性多発性関節炎 股関節脱臼 その他の外傷 その他，稀に認められる状態 種子骨損傷 浅趾屈筋腱脱臼 骨以外の腫瘍 長趾伸筋腱断裂 腸腰筋損傷

＊後肢跛行を呈する病態を一般的に多くみられる順に示す。

STEP ② 問　診
Medical Question

　鑑別診断リストを念頭に置き，主訴の再確認を行う。主訴は飼い主による主観的な情報であるため，的確な問診により必要な情報を簡潔にまとめる。診断の手がかりとなる情報を逃さないように，とくに気をつけるべきポイントを以下に示す。飼い主の主観的な情報に惑わされないように問診の前に簡単な身体検査を行うことも一つの方法であるが，問診は決して省略してはならない。

問診時のポイント

- 主訴の再確認
- 病歴：発症時期の確認
  - ：先天性異常の有無
  - ：外傷の有無
  - ：経過（現在までに症状が改善／不変／悪化）
- 特定の時間（起き抜けに症状が出やすいなど）や特定の活動（運動後の悪化など）との関連性
- 排尿および排便の確認
- 休息との関連性（休息後に改善／不変／悪化）
- 治療の有無（すでに治療されている場合には，具体的な治療法とその反応）

STEP ❸ 第一次仮診断
The First Provisonal Diagnosis

STEP1およびSTEP2で得られた情報をもとに，疑わしい疾患をリストアップして第一次仮診断を行う。第一次仮診断リストの例を以下に示す。

第一次仮診断リストの例

■ **中大型犬，若齢犬，前肢跛行の場合**
肘関節形成不全／肩関節OCD／汎骨炎

■ **中大型犬，成犬，前肢跛行の場合**
肘関節骨関節症／骨腫瘍／腱疾患／脊髄疾患

■ **小型犬，若齢犬，後肢跛行の場合**
膝蓋骨脱臼／大腿骨頭壊死／外傷

■ **小型犬，成犬，後肢跛行の場合**
膝蓋骨脱臼／前十字靭帯疾患／脊髄疾患

STEP 4 視診
Medical Observation

1. 全身状態の評価
患者を注意深く観察し，整形外科学的異常（跛行）なのか，あるいは全身性の虚弱や神経学的異常（運動失調）なのかを鑑別することが重要である。

2. 立位観察
全身状態の評価後，以下の項目に注意して立位の状態を観察し，可能であれば異常肢を特定する。

立位観察のポイント
- 負重の程度
- 奇形（内反，外反など）
- 左右対称性（形態異常や腫脹の有無など）
- 四肢の長さ
- 前肢間，後肢間の幅に違いがないかどうか（図1-1，図1-2）
- 外傷の有無
- ナックリングの有無

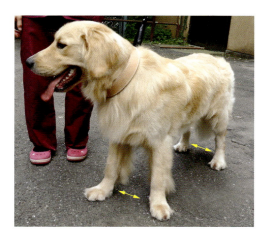

図1-1 立位観察（正常例）
正常では，前肢間と後肢間の幅が等しい。

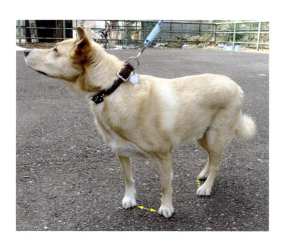

図1-2 立位観察（異常例）
後肢間は狭く，前肢間が広くなっている。本症例は両側とも重度の股関節形成不全であり，後肢への負重を避けるために前肢間を広げることで重心を前方に移動している。両前肢疾患の場合には後肢間が広くなる。

第1章　跛行診断のSTEPS

3. 歩様検査

　歩様をよく観察し，整形外科学的異常（疼痛）に起因する歩様異常（跛行）なのか，全身性の虚弱や神経学的異常（運動失調／麻痺や不全麻痺など）に起因する歩様異常なのかを鑑別する。虚弱により歩様異常を示している場合には，内分泌性疾患／栄養性疾患／腫瘍性疾患などを疑う。また，つまずき・ナックリング・四肢運動の協調不能・後肢虚弱・頸部強直とぎこちない動きなどが観察された場合は神経性疾患を疑い，それらの診断を優先的に進めていく。次に，前後左右から注意深く患者を観察し，異常肢の特定，跛行の程度，跛行の種類について評価する。跛行の種類は必ずしも明確に判別できるわけではないが，経験を積んでいくと原因疾患に特徴的な跛行所見をとらえることができる場合もある。

歩様異常の種類

- 虚弱
  内分泌性疾患／栄養性疾患／腫瘍性疾患

- 運動失調
  神経性疾患

- 跛行
  先天性奇形／整形外科疾患／小さな外傷（肉球の裂傷など）

歩様検査のポイント

- 異常肢の特定
  右前肢／左前肢／右後肢／左後肢／あるいは複数肢

- 跛行の程度
  非負重性（完全挙上／つま先は接地）／負重性（軽度／中程度／重度）

- 跛行の種類
  負重異常／歩幅異常

前肢　視診のポイント

前肢跛行の場合には，"Head Bob"と呼ばれる頭部の上下動（患者が異常肢を負重する際に頭部を上方に持ち上げ，異常肢への負重を軽減する動作）と，以下の特徴的なサインにとくに注意して視診を行う。

前肢の立位観察：特徴的なサインと疑わしい疾患

- **手根部や前腕部の外反・内反変形**
  橈尺骨遠位成長板損傷による成長異常／二次性肘関節不一致
- **手根関節過伸展**
  掌側靭帯損傷／若年性関節弛緩／先天異常
- **前腕の外転と肘関節の屈曲**
  棘下筋腱拘縮／肘関節脱臼
- **前肢彎曲変形**
  先天性成長異常／先天性肘関節脱臼
- **前肢完全挙上**
  骨折／肢端の外傷
- **ナックリング**
  橈側神経障害／上腕骨骨折
- **前肢完全挙上と肘・肩関節屈曲**
  神経根圧迫障害
- **肩甲骨周囲筋の重度萎縮**
  神経系腫瘍

前肢の歩様検査：特徴的なサインと疑わしい疾患

- **負重性の跛行**
  肩関節疾患／肘関節疾患／汎骨炎
- **非負重性の跛行（つま先は接地）**
  骨折／腫瘍／重度肘関節疾患
- **非負重性の跛行（完全挙上）**
  骨折／肢端の外傷
- **前腕の外転とぶらぶらした手根**
  棘下筋腱拘縮
- **ナックリング**
  橈骨神経障害／上腕骨骨折
- **前肢虚脱**
  腋窩神経叢損傷
- **前肢強直**
  神経性（脊髄）障害

第1章　跛行診断のSTEPS

| 後肢 | 視診のポイント |

後肢の疾患では立位で負重の減弱が認められることが多い（**図1-3**）。また，後肢跛行の場合には，腰の上下動（患者が異常肢を負重する際に反対側の肢で地面を蹴り上げ，異常肢への負重を軽減する動作）と，以下の特徴的なサインにとくに注意して視診を行う。

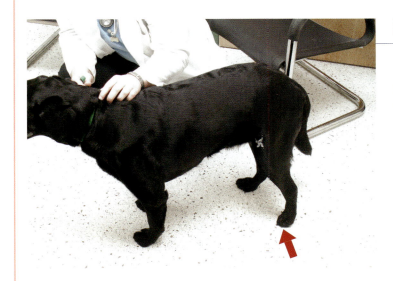

図1-3 後肢の立位観察

本症例は，左後肢への負重が右後肢に比べて小さい（矢印）。また，大腿筋量の非対称性が確認されることもある。

後肢の立位観察：特徴的なサインと疑わしい疾患

- **ナックリング**
  坐骨神経障害／骨折

- **足根関節過屈曲（蹠行）**
  アキレス腱断裂／足根関節亜脱臼／骨折

- **足根関節過伸展（直飛）＊**
  股関節形成不全／足根関節OCD／膝蓋骨脱臼

- **膝関節の完全伸展**
  大腿四頭筋拘縮／反張膝

- **内反膝（O脚）**
  膝蓋骨内方脱臼／成長異常

- **外反膝（X脚）**
  股関節形成不全＊＊／膝蓋骨外方脱臼

- **完全挙上（上方）**
  骨折／肢端の外傷／神経根圧迫障害

- **完全挙上と肢端回内・膝外転**
  股関節脱臼／膝蓋骨内方脱臼

＊　チャウ・チャウや秋田犬では正常な場合あり
＊＊　とくにロットワイラー，グレート・デーン，セント・バーナードに多くみられる

後肢の歩様検査：特徴的なサインと疑わしい疾患

- **ナックリング**
  坐骨神経障害／骨折

- **負重性の跛行**
  前十字靭帯疾患***／股関節形成不全／汎骨炎

- **非負重性の跛行（つま先は接地）**
  骨折／腫瘍／半月板損傷を伴う前十字靭帯疾患／膝関節OCD／足根関節OCD

- **非負重性の跛行（完全挙上）**
  骨折／腫瘍／肢端の外傷／膝蓋骨脱臼／大腿骨頭壊死

- **後肢内方回旋（回内）**
  半腱様筋拘縮

- **歩幅減少（腰振り歩行）**
  股関節形成不全／恥骨筋腱炎／腸腰筋腱炎／腰仙関節症

***前十字靭帯断裂に関連するさまざまな関節症のこと

STEP ⑤ 第二次仮診断
The Second Provisional Diagnosis

　STEP4で得られた情報をもとに，「非負重性右後肢跛行」などのようにカルテに記載し，疑わしい疾患をリストアップして第二次仮診断を行う。第二次仮診断リストの例を以下に示す。

前肢の第二次仮診断リストの例

- **非負重性の前肢跛行**
  骨折／脱臼／腫瘍／重度肘関節疾患／肢端の外傷など

- **負重性の前肢跛行**
  骨折／脱臼／腫瘍／重度肘関節疾患／肢端の外傷／肩関節疾患／肘関節疾患／汎骨炎など

- **負重性の前肢歩様異常（跛行以外）**
  成長異常／神経性疾患／神経系腫瘍

後肢の第二次仮診断リストの例

- **非負重性の後肢跛行**
  骨折／脱臼／腫瘍／半月板損傷／膝蓋骨脱臼／膝関節OCD／足根関節OCD

- **負重性の後肢跛行**
  前十字靭帯断裂／股関節形成不全

- **負重性の後肢歩様異常**
  成長異常／神経性疾患

STEP 6 身体検査（立位）
Physical Examination (Standing Position)

　患者が立位にあり，あまりストレスを与えない状態でできる限りの情報を得る。通常は一般身体検査から開始し，立位で行うことのできる簡単な神経学的検査と整形外科学的検査を実施する。

1. 一般身体検査

　患者の客観的データとして体温（T），脈拍数（P），呼吸数（R）およびその様式を確認する。また，体表・リンパ節・腹部に腫瘤がないかどうか，ナックリングによる肢端背側部の擦過傷や爪の異常な削れがないかどうか確認する。

2. 簡易神経学的検査

　立位で行うことのできる簡単な神経学的検査を実施する（図1-4，図1-5，図1-6，図1-7，図1-8，図1-9，図1-10）。もし神経学的異常が疑わしい場合には，脊髄反射や脳神経検査を含む徹底的な神経学的検査を行う（詳細については成書を参照のこと）。脳神経機能に関しては患者が「呼びかけに反応するかどうか」「ちゃんと見えているかどうか」「食べ方や飲み方は正常かどうか」，四肢の運動機能に関しては患者が「つまずいたり，足を引きずったりするかどうか」などの質問を飼い主に尋ねることで重要な情報が得られることが多い。

立位で実施できる簡易神経学的検査

- **脳神経検査**
  威嚇反射，眼瞼反射が正常かどうか／顔面神経機能の評価／生理的眼振の有無，など

- **頸部の屈曲および伸展**
  可動域の確認／抵抗および疼痛反応の有無

- **固有位置感覚検査（Conscious proprioception ／ CP）**
  遅延または欠如しているかどうか

- **脊椎の触診**
  疼痛反応の有無

- **腰仙関節の触診，尾椎の触診（尾の挙上）**
  疼痛反応の有無

第1章　跛行診断のSTEPS

立位で実施できる簡易神経学的検査

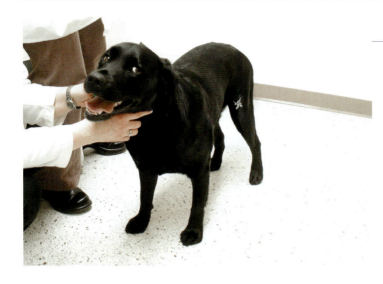

図1-4　脳神経検査

顔面の対称性，威嚇反射および眼瞼反射が正常かどうかなどを確認する。

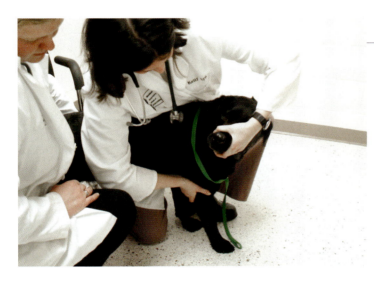

図1-5　頸部の屈曲

頸部を左右および下方の3方向に屈曲させる。抵抗や疼痛反応は異常所見である。

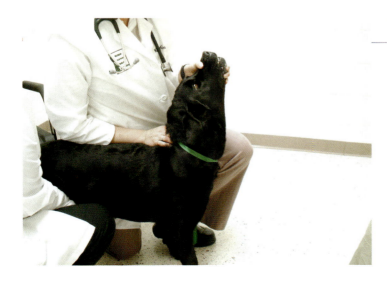

図1-6　頸部の伸展

頸部を上方へ伸展させる。抵抗や疼痛反応は異常所見である。

立位で実施できる簡易神経学的検査（つづき）

図1-7 脊椎（胸腰椎）の触診

体重を支え，胸腰椎部を尾側から順番に背側および側方から圧迫していく。疼痛反応は異常所見である。

図1-8 脊椎（腰仙椎関節）の触診

体重を支え，腰仙椎関節部をピンポイントで圧迫する。疼痛反応は異常所見である。

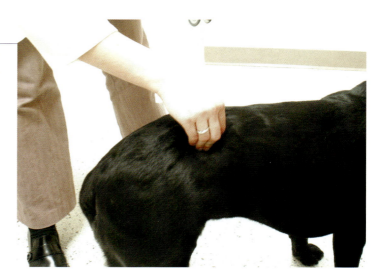

図1-9 尾椎の触診

尾を上方および左右に持ち上げる。疼痛反応は異常所見である。

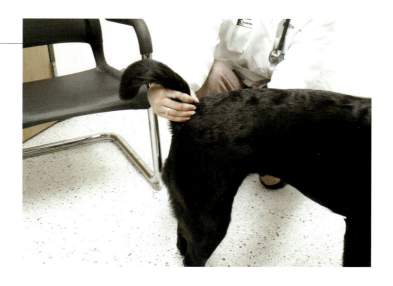

第1章　跛行診断のSTEPS

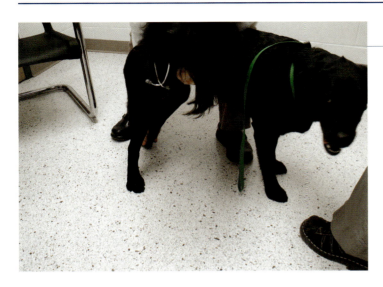

図1-10　固有位置感覚検査（CP）

　体を部分的に支え，趾端を曲げた状態で起立させる。この状態（ナックリング）から，正常であればすぐに正しい位置（肉球を地面につける）に戻し，安定して起立する。CPの遅延および欠如は異常所見である。

STEP 7

整形外科学的検査（立位）
Orthopedic Examination (Standing Position)

　一般身体検査と簡易神経学的検査に引き続いて，立位における整形外科学的検査を実施する。"触診（palpation）""操作（manipulation：関節の可動域や安定性の評価）"そして場合により"負重（loading）"が検査の基本となる。とくに，左右の比較が異常部位特定の助けになる。前肢および後肢について各ポイントを押さえて触診を行えば，多くの情報を得ることができ，診断が可能となる場合が多い。

　実際の臨床現場では立位における神経学的検査と整形外科学的検査を分けて行う必要はなく，両者を組み合わせてすばやく系統的に行う。患者の鼻先から始まり，頸部，前肢，脊椎，後肢と順番に流れるように検査を行うことにより，重要な所見をもらさずに検査することができる。以下に，現実的で有効な検査法の一例を紹介する。

立位で実施できる整形外科学的検査

- 筋量の触診
- 関節腫脹
- 関節可動域
- 関節の安定性
- 長骨の触診
- 筋，腱の特定領域の触診
- 負重に対する反応

立位検査の流れの一例

1 一般身体検査
2 脳神経（顔面）検査
3 頸部の屈曲および伸展
4 肩関節（肩甲骨）周囲筋の触診
5 前肢CP
6 前腕の触診
7 肘関節の触診および操作
8 上腕の触診
9 肩関節の屈曲および伸展
10 脊椎，尾椎触診
11 大腿の触診
12 後肢CP
13 アキレス腱の触診
14 膝関節の触診および操作
15 股関節の伸展

第1章　跛行診断のSTEPS

前肢　整形外科学的検査（立位）のポイント

　前肢においては，筋量の左右差，腫脹や疼痛の有無などを確認するために，以下のポイントに注意して触診を手早く行う。また，可能であれば肘関節および肩関節の可動域も評価する。

- 頸部および肩甲骨周囲筋の触診（図1-11）
- 肩関節の触診（図1-12）
- 上腕の触診（腫脹や骨の痛みの有無）
- 肘関節の触診（伸展時の疼痛と関節腫脹の有無）（図1-13）
- 前腕の触診（腫脹や骨の痛みの有無）
- 固有位置感覚検査（CP）

後肢　整形外科学的検査（立位）のポイント

　後肢においては，筋量の左右差，腫脹や疼痛の有無などを確認するために，以下のポイントに注意して触診を手早く行う。また，可能であれば膝関節および股関節の可動域も評価する。

- 大腿筋の触診
  （腫脹や骨の痛みの有無，とくに股関節形成不全の場合は大腿二頭筋の萎縮が顕著）（図1-14）
- 膝関節の触診（図1-15）
- 下腿の触診（腫脹や骨の痛みの有無）
- アキレス腱の触診（図1-16）
- 股関節の伸展（図1-17）
- 腰仙関節の触診（圧迫時の疼痛の有無）（図1-18）
- 固有位置感覚検査（CP）

前肢の整形外科学的検査（立位）

図1-11　頸部および肩甲骨周囲筋の触診

　左右で比較し，筋肉量に差が認められる場合は異常所見である。とくに，棘下筋・棘上筋の萎縮は比較しやすい。

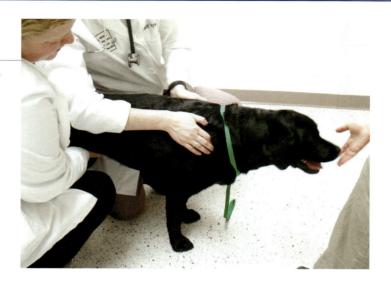

図1-12　肩関節の触診

　肩関節の屈曲および伸展時の疼痛反応は異常所見である。とくに伸展時に疼痛を認めやすい。

図1-13　肘関節の触診

　肘関節の伸展時の疼痛反応と腫脹（関節液貯留）は異常所見である。

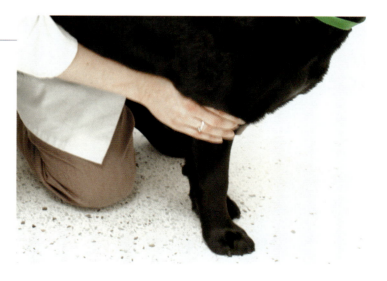

第1章　跛行診断のSTEPS

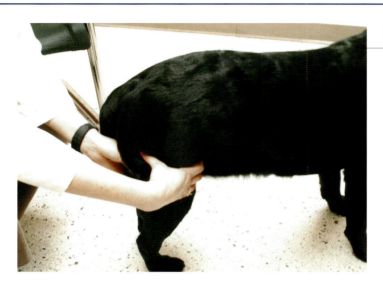

図1-14　大腿筋の触診

　両手を大腿部にまわし，筋肉の左右差を比較する。左右で同じ位置，同じ力で計測することでより正確な差が触知できる。また，骨の痛みや腫脹の有無を確認する。

図1-15　膝関節の触診

　両手を同時に両関節に当て，腫脹，疼痛，熱感の有無について左右を比較する。人差し指と親指で膝蓋靭帯をペンを持つようにつまんだ際に，膝蓋靭帯の境界が明瞭であれば正常（関節腫脹なし），不明瞭であれば異常（関節腫脹あり）と判断する。疑わしい場合はX線検査を行って関節液貯留所見を確認する。

図1-16　アキレス腱の触診

　両側同時にアキレス腱の付着部から筋腱移行部まで全域を触診し，腫脹，連続性，明瞭性，緊張度について左右を比較する。負重の程度が低下している場合（前十字靭帯断裂など）には緊張度が低下する。

後肢の整形外科的検査（立位）（つづき）

図1-17　股関節の伸展

患者の後方から大腿部頭側を保持して後肢を後方に引く。股関節の異常の場合は伸展時に疼痛反応を示し，可動域が減少する。この方法は股関節形成不全の症状の確認に最も有効と考えられている（X線検査よりも有用）。

図1-18　腰仙椎関節の触診

腰仙椎関節部をピンポイントに指で押す。疼痛反応は腰仙関節症（椎間板疾患，不安定症，狭窄症，関節症，感染症などの総称）に認められる異常所見で，尾椎の操作（尾の挙上）でも疼痛反応が認められることがある。腰仙関節症が疑われる場合には，MRIによる診断が必要となる。また，腰仙椎関節部の圧迫は股関節形成不全に関連する股関節の緩みの評価にも利用できる。片足を持ち上げた状態で腰仙椎関節部を圧迫し，もう一方の足に負重を加えると正常であれば負荷に対して抵抗できるが，異常（緩み）がある場合は抵抗できず崩れ落ちるという所見が得られる。

STEP 8 整形外科学的検査(横臥位)
Orthopedic Examination (Side Lying Position)

　患者を横臥位に保定し，遠位端から体幹に向かい系統的に検査を行っていく。軽い鎮静が有用な場合もある。異常肢から最も遠い肢から検査をはじめ，必ず四肢を検査する。たとえば，視診や立位の検査で右後肢に異常が疑われている場合には，左前肢，左後肢，右前肢，右後肢の順に検査を行っていく。動物の表情をよく観察しながら検査し，細かな違和感や疼痛反応を見逃さないように注意する。以下に横臥位にて行う整形外科学的検査の流れを示す。毎回同じ順序で検査を行うことにより，重要な所見をもらさず検査することができる。

前肢の整形外科学的検査 (横臥位) の流れの一例

1 肢端の検査(図1-19，図1-20)
2 全指関節の屈曲および伸展(図1-21，図1-22)
3 各指関節の屈曲および伸展(図1-23，図1-24)
4 中手骨の触診(図1-25)
5 副手根骨の触診(図1-26)
6 手根関節の屈曲および伸展(図1-27，図1-28)
7 手根関節腫脹の検査(図1-29)
8 橈尺骨の触診(図1-30，図1-31)
9 肘関節腫脹の検査(図1-32，図1-33)
10 肘関節の屈曲および伸展(図1-34，図1-35)
11 上腕骨の触診(図1-36，図1-37)
12 肩関節の屈曲および伸展(図1-38，図1-39)
13 肩関節の外転(図1-40)
14 上腕二頭筋・腱の触診(図1-41，図1-42)
15 棘上筋腱の触診(図1-43)
16 腋窩の触診(図1-44)

前肢の整形外科学的検査（横臥位）

図1-19 肢端の検査①

パッド（肉球）に裂傷・異物・排液がないか，爪に損傷や異常な削れがないかを確認する。

図1-20 肢端の検査②

指のあいだの軟部組織に囊胞・腫瘍・膿瘍がないかを確認する。

図1-21 全指関節の屈曲

疼痛反応や可動域の異常（屈曲制限）に注意する。

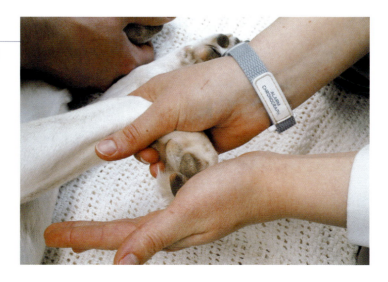

第1章　跛行診断のSTEPS

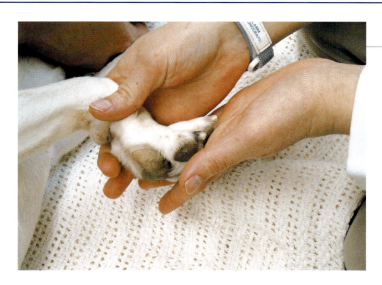

図1-22　全指関節の伸展

疼痛反応や可動域の異常（伸展制限）に注意する。

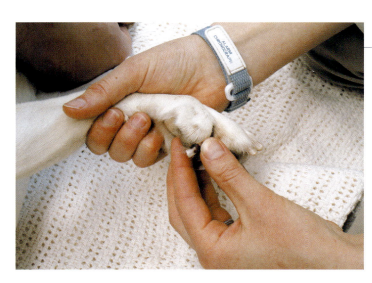

図1-23　各指関節の屈曲

疼痛反応や可動域の異常に注意する。とくに，中手指関節の屈曲時の疼痛に注意する。

図1-24　各指関節の伸展

疼痛反応や可動域の異常に注意する。

前肢の整形外科学的検査（横臥位）（つづき）

図1-25 中手骨の触診

種子骨の異常や骨折の検査に重要である。疼痛反応に注意する。

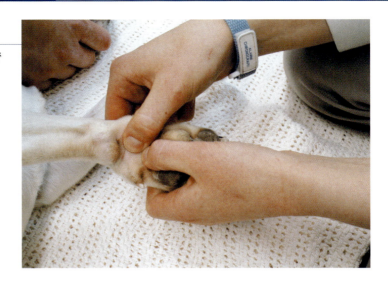

図1-26 副手根骨の触診

疼痛反応に注意する。

図1-27 手根関節の屈曲

正常ではパッドが前腕に接触する。疼痛反応や可動域の異常に注意する。

第1章　跛行診断のSTEPS

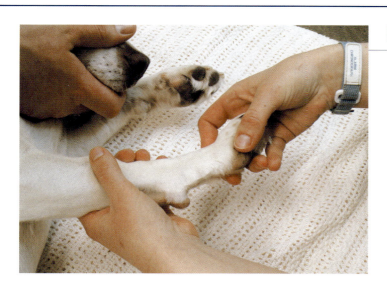

図1-28　手根関節の伸展

　手根関節の正常な伸展可動域は約10°である。疼痛反応や可動域の異常に注意する。

図1-29　手根関節腫脹の検査

　90°に曲げ，手根関節に人差し指を当てる。正常では骨構造のポケットが触知可能である。関節が腫脹していると，ポケットがわかりにくくなり，波動感が触知される。

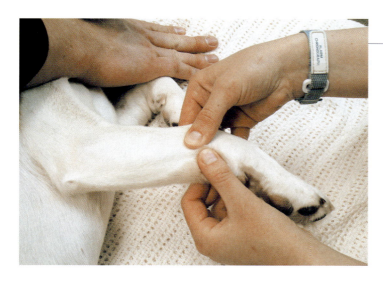

図1-30　橈尺骨遠位の触診

　強く圧迫する。骨腫瘍や骨折の検査に重要である。疼痛反応に注意する。

前肢の整形外科学的検査（横臥位）（つづき）

図1-31 橈尺骨近位の触診

強く圧迫する。汎骨炎の検査に重要である。疼痛反応に注意する。

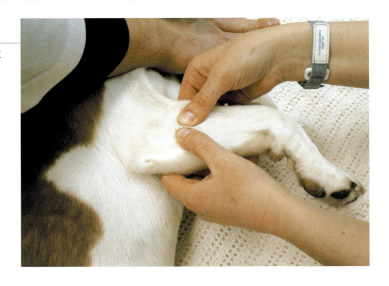

図1-32 肘関節腫脹の検査①

人差し指と親指で肘をつまむように，内側および外側上顆の骨突起上におく。軽く圧迫しながら，肘頭に向かって後方へ指を引いていく（矢印）。

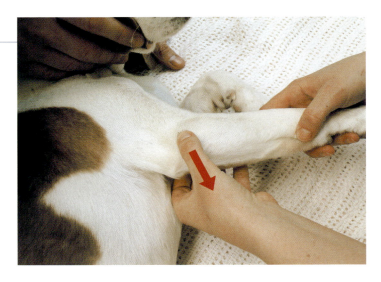

図1-33 肘関節腫脹の検査②

正常であれば肘頭まで全域において骨構造が確認され，ドロップ（急激な落ち込み）を触知できる。肘関節形成不全（FCP，UAP，OCD）や関節炎では関節液が貯留するためこのドロップが消失し，腫脹が触知される。

第1章　跛行診断のSTEPS

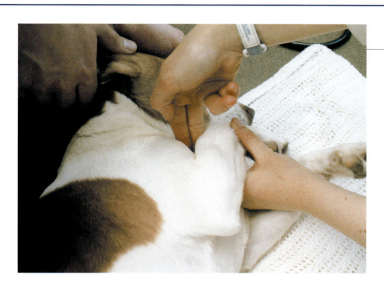

図1-34　肘関節の屈曲

正常では手根がほぼ肩関節に到達し、あいだに指1本（ワンフィンガー）または2本（ツーフィンガー）が入る程度とされている。関節炎では屈曲可動域が減少する。疼痛反応、可動域減少、捻髪音に注意する。

図1-35　肘関節の伸展

過伸展気味に力を加えた際の疼痛反応に注意する。

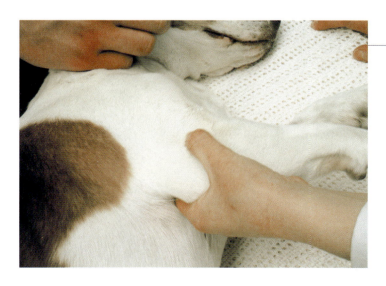

図1-36　上腕骨遠位骨顆の触診

骨折の好発部位である。腫脹、疼痛反応、捻髪音に注意する。

前肢の整形外科学的検査（横臥位）（つづき）

図1-37 上腕骨近位の触診

骨を強く圧迫した際に疼痛反応が認められる場合には，汎骨炎，骨腫瘍を疑う。

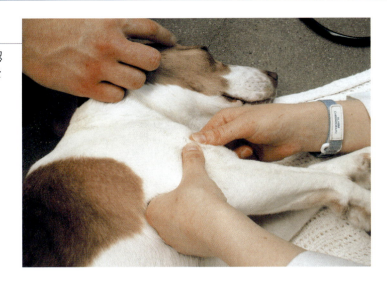

図1-38 肩関節の屈曲

上腕を保持して肩関節を屈曲させる（肘関節より遠位を保持しないように注意）。上腕二頭筋腱炎，上腕二頭筋腱起始部を含む裂離骨折，棘上筋腱石灰化症，骨腫瘍，OCDの検査に重要である。疼痛反応に注意する。

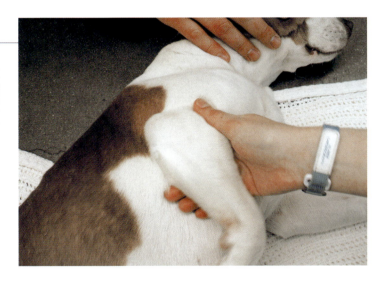

図1-39 肩関節の伸展

上腕を保持して肩関節を伸展させる（肘関節より遠位を保持しないように注意）。OCDの検査に重要である。疼痛反応に注意する。

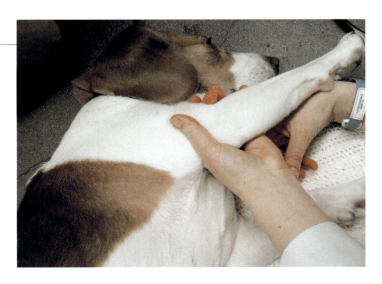

第1章　跛行診断のSTEPS

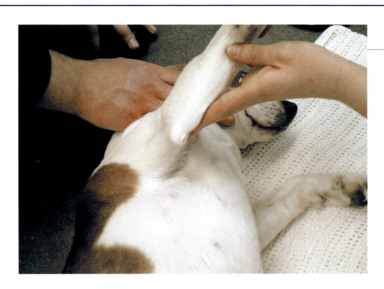

図1-40 肩関節の外転

　肩関節を伸展位に保持し，肩甲骨の角度を水平に保ったまま，ゆっくりと上腕骨を持ち上げ肩関節を外転させる。正常では肩甲骨と上腕骨の角度は約30°ほどでロックされる。この角度が50°を超えると肩関節不安定症を疑う。

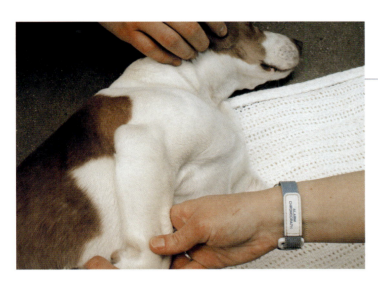

図1-41
上腕二頭筋・腱の触診①
"上腕二頭筋テスト"

　前腕を保持し尾側に牽引することで，肩関節が屈曲，肘関節が伸展される。上腕二頭筋は肩甲骨に起始し橈尺骨に終止するため，この動作時に最も緊張する。正常では最大限に前肢を後方に引くことができるが，二頭筋腱炎では疼痛反応を示し抵抗する。

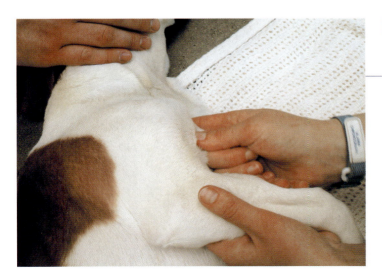

図1-42
上腕二頭筋・腱の触診②
"上腕二頭筋腱直接圧迫テスト"

　上腕二頭筋テストで上腕二頭筋を緊張させている状態で，上腕骨近位の結節間溝を走行する腱の部分を直接圧迫する。上腕二頭筋腱炎ではさらに疼痛反応が出やすくなる。

前肢の整形外科学的検査（横臥位）（つづき）

図1-43 棘上筋腱の触診
"棘上筋腱直接圧迫テスト"

肩関節の屈曲（図1-38）で疼痛反応が得られた場合には，直接棘上筋腱を圧迫し疼痛反応を確認する。二頭筋腱炎と棘上筋腱石灰化症を鑑別する際に有用な場合がある（図1-42参照）。

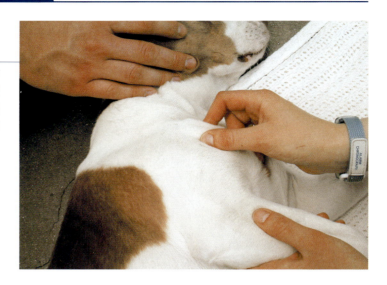

図1-44 腋窩の触診

腫瘤の存在や疼痛反応に注意する。

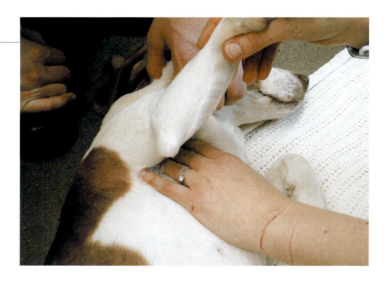

後肢の整形外科学的検査（横臥位）の流れの一例

1 肢端の検査（前肢の項を参照）

2 全趾関節の屈曲および伸展（図1-45）

3 各趾関節の屈曲および伸展（前肢の項を参照）

4 中足骨の触診

5 足根関節の屈曲および伸展（図1-46，図1-47）

6 足根関節腫脹の検査（図1-48）

7 アキレス腱の触診（図1-49）

8 脛骨・腓骨の触診（図1-50）

9 膝関節の屈曲および伸展（図1-51）

10 膝蓋骨脱臼の検査（図1-52，図1-53）

11 前十字靭帯の検査（図1-54，図1-55，図1-56）

12 大腿骨の触診（図1-57）

13 股関節の屈曲および伸展（図1-58）

14 股関節脱臼の検査（図1-59）

15 股関節亜脱臼の検査"オルトラニテスト"（図1-60，図1-61）

16 大腿後部の筋（ハムストリング）の触診（図1-62）

17 股関節周囲の筋腱（恥骨筋腱，腸腰筋腱）の触診（図1-63，図1-64）

18 腰仙関節の触診（図1-65）

後肢の整形外科学的検査（横臥位）

| 図1-45 | 全趾関節の屈曲および伸展 |

疼痛反応や可動域の異常に注意する。全趾関節で異常が認められた場合には各趾関節の検査を行う。

| 図1-46 | 足根関節の屈曲 |

およそ40°よりも屈曲が可能であれば異常を疑う。屈曲位で肢端を内旋・外旋し，不安定性が触知された場合は側副靱帯（短頭）の損傷を疑う。

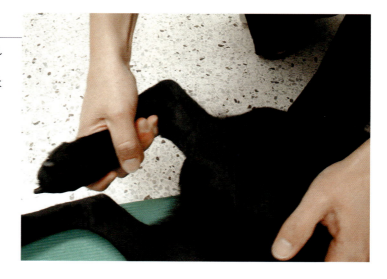

| 図1-47 | 足根関節の伸展 |

およそ165°よりも伸展が可能であれば異常を疑う。伸展位で肢端を内転・外転し，不安定性が触知された場合は側副靱帯（長頭）の損傷を疑う。

第1章　跛行診断のSTEPS

図1-48　足根関節腫脹の検査

　内側，外側の骨果（くるぶし）と踵骨（かかと）のあいだを触診する。腫脹が触知された場合にはOCD・関節炎・腫瘍・骨折を疑う。腫脹が両側性の場合は，免疫介在性多発性関節炎も考慮する。

図1-49　アキレス腱の触診

　アキレス腱の部分的な腫脹や疼痛，腱の連続性や緊張度の異常が触知された場合は，腱炎や靱帯断裂を疑う。

図1-50　脛骨・腓骨の触診

　骨を強く圧迫して疼痛反応が認められた場合には，骨腫瘍，汎骨炎，成長板障害などを疑う。

後肢の整形外科学的検査（横臥位）（つづき）

図1-51 膝関節の屈曲および伸展

　膝関節を屈伸させ，可動域を確認する。とくに，脛骨遠位の尾側面と膝関節頭側面を支えた状態で伸展させると疼痛を検出しやすい。

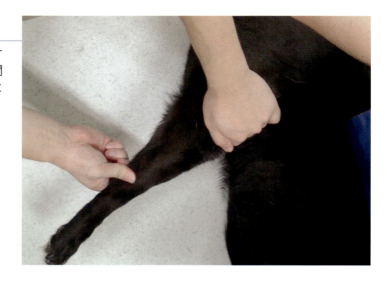

図1-52 膝蓋骨内方脱臼の検査

　膝蓋骨内方脱臼は，膝関節を伸展位に保持し，脛骨を内旋させながら膝蓋骨を内方に指で押すことによって脱臼を誘発できる。

図1-53 膝蓋骨外方脱臼の検査

　膝蓋骨外方脱臼は，膝関節を伸展位に保持し，脛骨を外旋させながら膝蓋骨を外方に指で押すことによって脱臼を誘発できる。

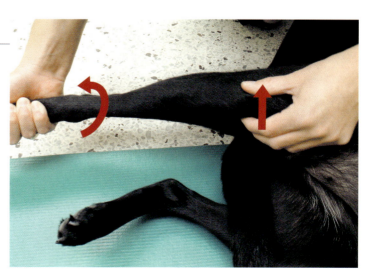

第1章　跛行診断のSTEPS

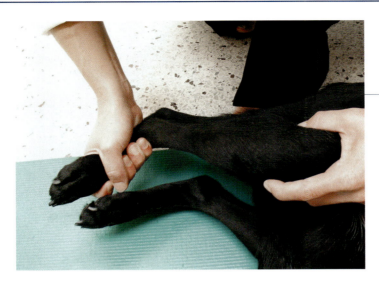

図1-54
前十字靭帯の検査①
"脛骨圧迫テスト"
（Tibial Compression Test）

　大腿骨遠位を固定した状態で，膝関節の角度は固定したまま，足根関節のみを屈曲させる。この動作は負重状態を模擬したものである。前十字靭帯断裂の場合は脛骨粗面の前方への変位が触知または観察できる。

図1-55
前十字靭帯の検査②
"膝関節伸展位の前方引き出しテスト"
（Cranial Drawer Test）

　片方の手の人差し指を膝蓋骨，親指を外側腓腹筋種子骨，もう一方の手の人差し指を脛骨粗面，親指を腓骨頭に置いて強く保持し，大腿骨側の手は固定したまま脛骨側の手を前方に引き出す。前十字靭帯断裂の場合は，脛骨が大腿骨に対して相対的に前方に変位する。また，後方（後十字靭帯検査）および内方・外方（側副靭帯検査）への変位も同時に検査する。

図1-56
前十字靭帯の検査③
"膝関節屈曲位の前方引き出しテスト"
（Cranial Drawer Test）

　膝関節を約90°に屈曲させた状態で検査する。伸展位と屈曲位で同じ検査を行い，どちらか一方でも異常が認められれば前十字靭帯断裂を疑う。

35

後肢の整形外科学的検査（横臥位）（つづき）

図1-57　大腿骨の触診

骨を強く圧迫して疼痛反応が認められた場合には，骨腫瘍，汎骨炎，成長板障害などを疑う。

図1-58　股関節の伸展

大腿部を保持して後肢を後方に引く。股関節に関連する異常の場合は疼痛反応を示し，可動域が減少する。正常であれば骨盤に対して160°程度まで伸展することができる。

股関節の痛みが重度な場合には，屈曲でも疼痛反応が認められる。

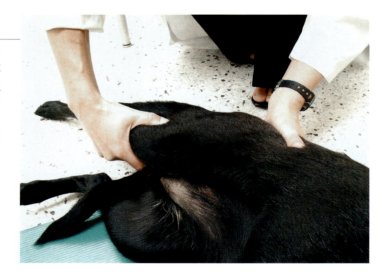

図1-59　股関節脱臼の検査

正常であれば，(A)坐骨結節，(B)大転子，(C)腸骨翼が三角形をなすが，頭背側脱臼の場合は(B)が背側へ移動し3点が直線上に並ぶ。

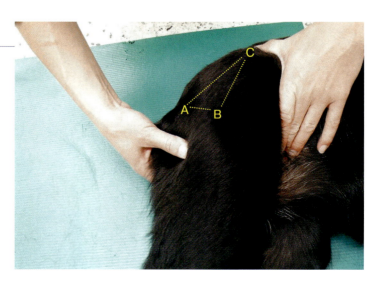

第1章　跛行診断のSTEPS

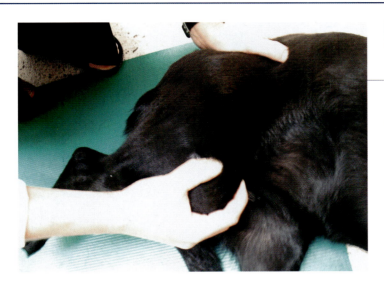

図1-60
股関節亜脱臼の検査
"オルトラニテスト"①

　関節の緩みを検査する。まず股関節と膝関節を90°に保ち，膝関節を床に落とし大腿骨を寛骨に対して押し上げる。股関節が異常であれば，この内転および押上動作により股関節が亜脱臼する。

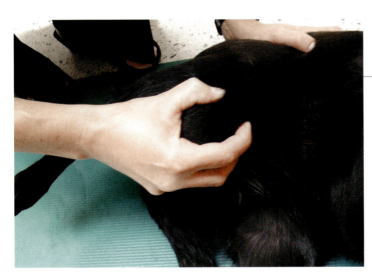

図1-61
股関節亜脱臼の検査
"オルトラニテスト"②

　亜脱臼を起こした状態から，大腿骨を寛骨に対して押しつけたまま徐々に大腿骨を外転させる。ある時点で大腿骨頭の寛骨臼への明確な整復が触知または聴取できたら強陽性，不明確な整復が触知できたら陽性と判断する。

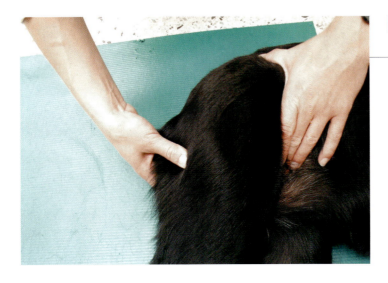

図1-62
大腿後部の筋（ハムストリング）の触診

　半腱様筋や薄筋の拘縮が触知できることがある。

後肢の整形外科学的検査（横臥位）（つづき）

図1-63 恥骨筋腱の触診

腱炎の場合は，疼痛反応が得られる。

図1-64 腸腰筋腱の触診

腱炎の場合は，疼痛反応が得られる。

図1-65 腰仙関節の触診

腰仙椎関節部を強く押す。疼痛反応は腰仙関節症（椎間板疾患，不安定症，狭窄症，関節症，感染症などの総称）に認められる異常所見である。

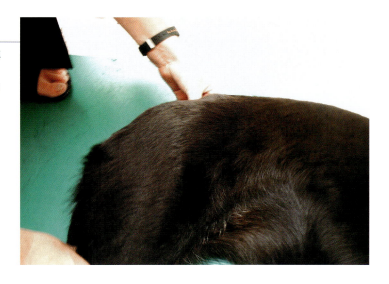

STEP 9 第三次仮診断
The Third Provisional Diagnosis

STEP6〜8で得られた情報をもとに，疑わしい疾患をリストアップして第三次仮診断を行う。第三次仮診断リストの例を以下に示す。

前肢の第三次仮診断リストの例

- **小型犬，前肢挙上**
  骨折／脱臼／脊髄疾患（神経根圧迫）／肢端の外傷

- **若齢大型犬，肘関節周囲の疼痛**
  肘関節形成不全（FCP，UAP，OCD）／汎骨炎／肘関節不一致

- **成犬大型犬，肩関節周囲の疼痛**
  二頭筋腱炎／棘上筋腱石灰化症／骨腫瘍／OCDに続発した骨関節症

- **成犬中型犬，異常部位が確定できない前肢跛行**
  神経系腫瘍（腋窩または頸部の腫瘍）／軟部組織損傷／肩関節不安定症

後肢の第三次仮診断リストの例

- **小型犬，後肢挙上**
  膝蓋骨脱臼／大腿骨頭壊死／脊髄疾患（神経根圧迫）／骨折／肢端の外傷

- **若齢大型犬，膝関節の腫脹**
  OCD／前十字靭帯疾患／感染症

- **成犬大型犬，歩様異常と股関節周囲の疼痛**
  股関節形成不全／腰仙関節症／股関節周囲腱炎

- **成犬大型犬，膝関節の疼痛**
  前十字靭帯疾患／骨腫瘍／関節腫瘍（滑膜肉腫）

STEP 1 〜 9までのまとめ

　跛行診断には通常，画像検査などのさらなる検査が必要となるが，これまで解説したように頻発整形外科疾患の正しい知識（獣医師の頭脳）と系統的な身体検査手技（獣医師の五感）によって多くの疾患を仮診断することが可能となる。まずは自分自身の目で患者の動きを確認し，異常があると思われる箇所を直接触れることが大切である。身体検査を基本として仮診断を下したのちに，確定診断に必要と思われる画像検査に進むという流れが正しい診断手順と言えるだろう。跛行を呈する症例を診察する際に，身体検査の重要性を常に心懸けて経験を重ねていけば，より精度の高い診断技術を体得できるものと考えている。

STEP ⑩ 診断計画，診断検査
Approach for Diagnosis

　STEP1～9まではおもに身体検査による跛行診断の進め方と仮診断のポイントについて解説してきたが，ここでは仮診断を確定診断に結びつけるための診断計画や診断検査の方法について解説する。ほとんどの症例において画像検査，とくに2方向の単純X線検査が診断検査の基本となり，必要に応じて他の検査を考慮する。

　診断計画とは仮診断に基づいてどのような診断検査が必要かを決定していくことであるが，とくに内科疾患（関節症を含む），神経性疾患，腫瘍性疾患が疑わしい場合には，血液検査をはじめとした種々の診断検査を優先して行う。以下に，画像検査を進めるうえでのポイントを示す。また，一般的な診断検査のチャートを**表1-3，表1-4，表1-5，表1-6**に示す。各整形外科疾患に対する診断計画および診断検査の詳細については次章にて詳説する。

画像診断を進める上でのポイント

- 整形外科学的な異常をもつほとんどの症例において，診断は2方向の単純X線検査からはじめる。この場合の2方向とは，おもに関節に対する側面像と頭尾側（尾頭像）のことであり，異常部位が関節であれば関節を，骨であれば隣接の関節が含まれる範囲でX線写真を撮影する。
- "スカイライン"もしくは"タンジェント"と呼ばれる特殊な方向から撮影するX線検査や，"ストレス"像と呼ばれる加圧X線検査が，ある特定の整形外科疾患の診断に有用である。
- 複数関節や複数肢の異常が疑われる場合には，必ずそれぞれについてX線検査を行う。
- 対側肢のX線画像が比較や計測のために非常に有用であるため，必ず撮影する。
- 正確な診断のためには質の高いX線画像が不可欠であるため，撮影条件やポジションについて妥協してはならない（詳細についてはX線学の成書を参照のこと）。
- 診断価値のあるX線画像を得るためには，患者に対して鎮静が必要となることが多い。
- 近年，単純X線検査以外の画像検査の有用性が数多く報告されている。とくに，腱や靭帯などの軟部組織の異常が疑われる場合には，超音波検査や関節鏡検査が有用となることが多い。

表1-3　若齢犬における前肢跛行の診断検査のチャート

凡例：先天性／発育性／外傷性

	疑わしい部位	疑われる異常	診断検査	考慮すべき検査	備考
小型犬	肩周囲	先天性肩関節脱臼	2方向X線検査	内外転X線検査	
	肘周囲	上腕骨遠位骨折	2方向X線検査		外傷性の場合が多いが，コッカー・スパニエルなどで発育性の上腕骨顆骨化不全が骨折の素因となることが報告されている。
		（上腕骨顆骨化不全によるもの）		CT検査	対側肢の骨化不全像は単純X線検査ではわかりにくいことがあり，CT検査の適用が報告されている。
		先天性肘関節脱臼	2方向X線検査		
	その他	前腕遠位（橈尺骨）骨折	2方向X線検査		イタリアン・グレイハウンドやウィペットなどでは両側性の骨折がよくみられ，何らかの素因が疑われている。
軟骨異栄養犬種	肘周囲	肘突起不癒合（UAP）	手根関節を含む2方向X線検査 屈曲位側方X線検査		前腕の成長異常と関連して起こることがある。
		肘関節不一致	手根関節を含む2方向X線検査 屈曲位側方X線検査	CT検査	単純X線画像ではギャップが正しく評価されないという報告があり，CT検査が適切であるとする説もある。
				関節鏡検査	橈骨頭と尺骨頭のあいだに明らかな段差が目視できる。
		二次性肘関節不一致（橈尺骨遠位成長板の異常による）	手根関節を含む2方向X線検査 屈曲位側方X線検査	CT検査	単純X線画像ではギャップが正しく評価されないという報告があり，CT検査が適正であるとする説もある。
				関節鏡検査	橈骨頭と尺骨頭のあいだに明らかな段差が目視できる。
	その他	前腕成長異常（橈骨彎曲）（橈尺骨遠位成長板の異常による）	2方向X線検査		軟骨異栄養犬種では成長板に損傷がなくても骨格の著しい変形が起こり，肘関節に影響をおよぼす。
				CT検査（肘関節）	肘関節の不一致，UAPなどを検査する。
		汎骨炎	2方向X線検査		

	疑わしい部位	疑われる異常	診断検査	考慮すべき検査	備考
中大型犬	肩周囲	離断性骨軟骨症（OCD）	2方向X線検査		両側性のことが多いので対側も必ず検査する。
		関節上結節の裂離骨折	2方向および屈曲位側方X線検査	関節鏡検査	骨折部や腱の断裂が確認できることがある。
	肘周囲	肘関節形成不全 ・離断性骨軟骨症（OCD）・肘突起不癒合（UAP）・内側上顆不癒合（UME）・内側鉤状突起分離（FCP）	2方向および屈曲位側方X線検査		FCP以外は単純X線検査で診断可能である。
				関節鏡検査，CT検査	FCPは単純X線検査で診断不可能な場合がほとんどである。
		二次性肘関節不一致（橈尺骨遠位成長板障害によるもの）	手根関節を含む2方向X線検査 屈曲位側方X線検査	CT検査	単純X線画像ではギャップが正しく評価されないという報告があり，CT検査が適正であるとする説もある。
				関節鏡検査	橈骨頭と尺骨頭のあいだに明らかな段差が目視できる。
	その他	前腕成長異常（橈骨彎曲）（橈尺骨遠位成長板障害によるもの）	2方向X線検査	肘関節CT検査	不一致，FCPなどを検査する。
		汎骨炎	2方向X線検査		
		肥大性骨異栄養症（HOD）	2方向X線検査	肘関節X線検査	二次的な骨格変形が起こる場合は，肘関節に影響がでることがある。

表1-4　成犬における前肢跛行の診断検査のチャート

凡例：外傷性　慢性　二次性　その他

	疑わしい部位	疑われる異常	診断検査	考慮すべき検査	備考
小型犬	肩周囲	不安定症, 亜脱臼, 肩関節脱臼(習慣性)	2方向X線検査	内外転X線検査	診断困難なことが多い。対側肢との比較が有効。関節腔の拡大が認められることがある。
				MRI検査	現在, 検討中。
		腫瘍	2方向X線検査	その他の特殊検査	
	肘周囲	上腕骨遠位骨折(上腕骨顆骨化不全によるもの)	2方向X線検査		外傷性の場合が多いが, コッカー・スパニエルなどで上腕骨顆骨化不全が骨折の素因となることが報告されている。
				CT検査	対側肢の骨化不全像は単純X線検査ではわかりにくいことがあり, CT検査の適用が報告されている。
		腫瘍	2方向X線検査	その他の特殊検査	
		脱臼(外傷性)	2方向X線検査		
	その他	前腕遠位(橈尺骨)骨折	2方向X線検査		比較, またはインプラント手術の計画に必要。
		肥大性骨症(HO)	2方向X線検査 胸腹部X線検査	その他の特殊検査	明らかな骨膜反応が特徴的である。必ず胸腹部のX線検査を行う。
		腫瘍	2方向X線検査	その他の特殊検査	
		免疫介在性多発性関節炎	2方向X線検査	その他の特殊検査	
軟骨異栄養犬種	肘周囲	肘関節骨関節症	2方向X線検査		骨棘形成, 骨硬化像などが特徴的である。原因が特定できないことが多い。

	疑わしい部位	疑われる異常	診断検査	考慮すべき検査	備考
中大型犬	肩周囲	二頭筋腱炎	2方向および近遠位方向X線検査	特殊撮影X線検査 超音波検査	近遠位方向"スカイライン"像で診断ができる場合が多いが, 超音波検査が有用。
				MRI検査	現在, 検討中。
				関節鏡検査	血管性の増加, 部分断裂, 骨棘形成などが観察できる。
		棘上筋腱炎(石灰化症)	2方向および近遠位方向X線検査	特殊撮影X線検査 超音波検査	近遠位方向"スカイライン"像で診断ができる場合が多いが, 超音波検査が有用。
				MRI検査	
		棘下筋腱拘縮症	(身体検査所見)		
		腫瘍	2方向X線検査	その他の特殊検査	
		肩関節骨関節症	2方向X線検査		骨棘形成が特徴的である。軽度で無症状な場合が多い。
		不安定症, 亜脱臼	2方向X線検査	内外転X線検査	診断困難なことが多い。対側肢との比較が有用。関節腔の拡大が認められることがある。
				MRI検査	現在, 検討中。
				関節鏡検査	靭帯や腱の異常が認められることがある。
	肘周囲	肘関節骨関節症	2方向X線検査	CT検査 関節鏡検査	関節内にFCPなどの組織片の存在が疑わしいときに有用。
		脱臼(外傷性)	2方向X線検査		
		腫瘍	2方向X線検査	その他の特殊検査	
	その他	腫瘍(とくに遠位橈尺骨)	2方向X線検査	その他の特殊検査	
		肥大性骨症(HO)	2方向X線検査 胸腹部X線検査	その他の特殊検査	明らかな骨膜反応が特徴的である。必ず胸腹部のX線検査を行う。
		免疫介在性多発性関節炎	2方向X線検査	その他の特殊検査	

表1-5 若齢犬における後肢跛行の診断検査のチャート

発育性 / 外傷性

	疑わしい部位	疑われる異常	診断検査	考慮すべき検査	備考
小型犬	股周囲	大腿骨頭壊死症	2方向X線検査	屈曲位腹背X線検査	大腿骨頭の変形が特徴的である。大腿筋量の減少が顕著。
		股関節脱臼	2方向X線検査		脱臼の方向を診断する。
		股関節形成不全	2方向X線検査 屈曲位腹背X線検査	特殊撮影X線検査	PennHIP®法と呼ばれるものや，骨頭の背側への転位を評価するものが報告されている。
				CT検査	骨頭の背側への転位の評価や，股関節の形状評価に有用。
				関節鏡検査	三点骨切り術（TPO）の適応を決定する際に利用されることがある。
	膝周囲	膝蓋骨脱臼	2方向X線検査	特殊撮影X線検査	膝蓋骨の位置，骨格の変形の程度を確認する。
	その他	脛骨形成不全	2方向X線検査	CT検査	変形の方向性や程度を決定するのに利用可能。
		汎骨炎	2方向X線検査		
中大型犬	股周囲	股関節形成不全	2方向X線検査 屈曲位腹背X線検査	特殊撮影X線検査	PennHIP®法と呼ばれるものや，骨頭の背側への転位を評価するものが報告されている。
				CT検査	骨頭の背側への転位の評価や，股関節の形状評価に有用。
				関節鏡検査	三点骨切り術（TPO）の適応を決定する際に利用されることがある。
		股関節脱臼	2方向X線検査		脱臼の方向を診断する。
	膝周囲	前十字靭帯疾患，剥離骨折	2方向X線検査		関節液増量所見の有無を確認する。裂離骨折の場合は骨片を確認する。
				関節鏡検査，MRI検査 超音波検査	現在，検討中。
		長趾伸筋腱剥離，断裂	2方向X線検査	関節鏡検査，MRI検査 超音波検査	現在，検討中。
		膝蓋骨脱臼	2方向X線検査	特殊撮影X線検査	膝蓋骨の位置，骨格の変形の程度を確認する。関節を直角に保持し，X線を関節面に対し接線上に投影する"スカイライン"像が有用。
		離断性骨軟骨症（OCD）	2方向X線検査	関節鏡検査	
	その他	足根関節離断性骨軟骨症（OCD）	2方向X線検査		
		汎骨炎	2方向X線検査		

表1-6　成犬における後肢跛行の診断検査のチャート

凡例：外傷性　慢性　二次性　その他

小型犬

疑わしい部位	疑われる異常	診断検査	考慮すべき検査	備考
股周囲	股関節骨関節症	2方向X線検査	屈曲位腹背X線検査	臨床所見とX線像は必ずしも相関しないことに注意する。
	脱臼(外傷性)	2方向X線検査		脱臼の方向を診断する。
	腫瘍	2方向X線検査	その他の特殊検査	
膝周囲	膝蓋骨脱臼	2方向X線検査	特殊撮影X線検査	膝蓋骨の位置，骨格の変形の程度を確認する。前十字靭帯断裂の診断または鑑別に利用する。
	前十字靭帯疾患	2方向X線検査		不安定性が認められなくても，X線検査を行って関節液増量所見の有無を確認する。
	膝関節骨関節症	2方向X線検査		通常は，前十字靭帯断裂に二次的にみられる。
			関節鏡検査，MRI検査 超音波検査	現在，検討中。半月板損傷の診断に期待される。
	腫瘍	2方向X線検査	その他の特殊検査	
その他	腫瘍	2方向X線検査	その他の特殊検査	
	免疫介在性多発性関節炎	2方向X線検査	その他の特殊検査	

中大型犬

疑わしい部位	疑われる異常	診断検査	考慮すべき検査	備考
股周囲	股関節骨関節症	2方向X線検査 屈曲位腹背X線検査		臨床所見とX線像は必ずしも相関しないことに注意する。
			MRI検査	腰仙関節症の疑いのある場合は，MRI検査が必要となる。
	脱臼(外傷性)	2方向X線検査		脱臼の方向を診断する。
	股関節周囲腱炎	2方向X線検査		石灰化を示唆する所見が認められることがある。
			超音波検査，MRI検査	現在，検討中。
	腫瘍	2方向X線検査	その他の特殊検査	
膝周囲	前十字靭帯疾患	2方向X線検査		不安定性が認められなくても，X線検査を行って関節液増量所見の有無を確認する。
	膝関節骨関節症	2方向X線検査		通常は，前十字靭帯断裂に二次的にみられる。
			関節鏡検査，MRI検査 超音波検査	現在，検討中。半月板損傷の診断に期待される。
	膝蓋骨脱臼	2方向X線検査	特殊撮影X線検査	膝蓋骨の位置，骨格の変形の程度を確認する。前十字靭帯疾患の診断または鑑別に利用する。
	側副靭帯断裂	2方向および内外方加圧X線検査		内外方加圧"ストレス"像により，損傷サイド(内側か外側か)を鑑別できる。
	腫瘍	2方向X線検査	その他の特殊検査	
その他	アキレス腱断裂	2方向X線検査	超音波検査	
	アキレス腱炎	2方向X線検査	超音波検査	腫脹,不連続性,石灰化などが確認できる。
	足根側副靭帯断裂	2方向および内外方加圧X線検査		内外方加圧"ストレス"像により，損傷サイド(内側か外側か)を鑑別できる。
	足根関節骨関節症	2方向X線検査		骨棘形成が特徴的である。
	腫瘍	2方向X線検査	その他の特殊検査	
	免疫介在性多発性関節炎	2方向X線検査	その他の特殊検査	

第**2**章

前肢の跛行診断

　本章では，前肢跛行を呈する疾患の最終診断を目的とし，疾患別に具体的な診断検査上の注意点や注目すべき特定の所見について解説する。

肩関節およびその周囲の異常に対する跛行診断
肘関節およびその周囲の異常に対する跛行診断
前腕，手根関節およびその周囲の異常に対する跛行診断

肩関節およびその周囲の異常に対する跛行診断
Lameness Examination in Dogs : Shoulder Conditions

　近年の診断技術の進歩により，肩関節およびその周囲の異常に対する病態の理解が深まってきているが，これらの異常に起因する跛行は臨床的に"微妙"なことが多く，いまだに確定診断が困難である．本項では，肩関節およびその周囲の異常を疑う症例に対する跛行診断の手順を解説する．また，有用となる特殊検査（関節造影検査，超音波検査，CTおよびMRI検査）についても触れる．

 ## はじめに

　まず前章で解説したSTEP1～9（シグナルメントと主訴～第三次仮診断）を経て，肩関節およびその周囲の異常に関わる疾患をリストアップする．鑑別疾患リストとして，肩関節脱臼（Shoulder Luxation），肩関節（上腕骨）離断性骨軟骨症（OCD），骨関節症（Osteoarthritis／OA），肩関節腱症，棘下筋腱拘縮症（Infrasoinatus Contracture），上腕二頭筋腱断裂（Biceps Tendon Rupture），肩関節不安定症（動揺肩）（Shoulder Instability）などが挙げられる．鑑別診断には，患者のシグナルメント（犬種・サイズ・年齢）がとくに重要となる．

　続いて，STEP10（診断計画，診断検査）を進めていくが，この際にとくに重要なことは，肩関節痛の原因となり得る内科疾患（免疫介在性多発性関節炎など），神経性疾患および腫瘍性疾患（神経叢の腫瘍，骨肉腫など）（図2-1）を除外することである．これらの疾患が疑わしい場合は，血液検査をはじめ，それらの診断検査を優先して行うことが大切である．

　通常，肩関節およびその周囲の診断をする際は，2方向の単純X線検査から開始する．また，"スカイライン"と呼ばれる特殊な撮影法が，ある特定の肩関節疾患の診断に有用である．以下に，単純X線検査によって確定診断を比較的得やすい病態について解説する．ただし，単純X線検査はあくまで骨の形態学的な変化を描出するのみであるため，常に関節内の変化を意識しながら読影する必要がある．関節内の病変を検出するには関節鏡検査が最も有効であり，本項では単純X線検査所見と関節鏡検査所見を並べて解説する．

 ## 肩関節脱臼（Shoulder Luxation）

　肩関節脱臼の原因は，先天性および外傷性に大きく分けられる．脱臼自体は身体検査（触診）と単純X線検査によって診断することができるが，先天性か外傷性かについては，年齢や外傷歴，肩甲骨関節窩の低形成などの骨格変形の有無を総合して判断する（図2-2，図2-3，図2-4，図2-5，図2-6，図2-7）．

第2章 前肢の跛行診断

肩関節周囲の腫瘍性疾患

▼上腕骨近位の骨腫瘍

図2-1 単純X線検査所見（側面像）

上腕骨近位骨幹部に不整な骨膜や骨破壊像（矢印）が認められる。

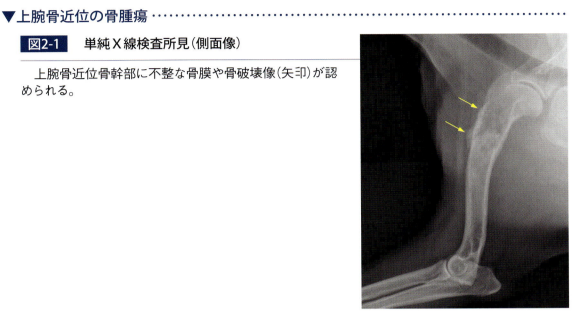

肩関節脱臼

▼先天性（または幼齢期の外傷性）の肩関節内方脱臼と二次的骨格変形

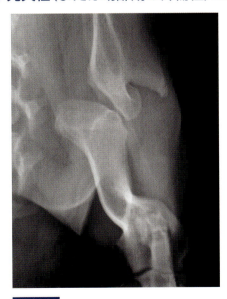

図2-2
単純X線検査所見（尾頭側像）

症例はラブラドール・レトリーバー（10カ月齢，去勢雄）で，先天性または幼齢期の外傷によって発症したと思われる肩関節内方脱臼と二次的骨格変形が認められる。

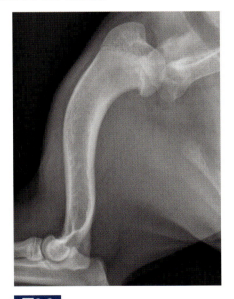

図2-3
単純X線検査所見（側面像）
（図2-2と同一症例）

上腕骨頭の頭背側への転位と，上腕骨の彎曲変形が認められる。

肩関節脱臼（つづき）

▼先天性の肩関節内方脱臼と二次的骨格変形

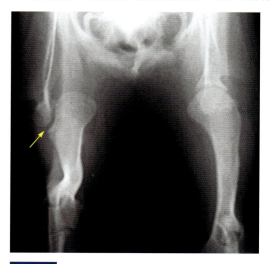

図2-4
単純X線検査所見（頭尾側像）

症例はパピヨン（1歳齢，雄）で，偽関節の形成（矢印）が疑われる。

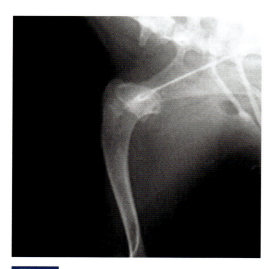

図2-5
単純X線検査所見（側面像）
（図2-4と同一症例）

上腕骨頭の背側への転位が認められる。

▼外傷性の肩関節内方脱臼

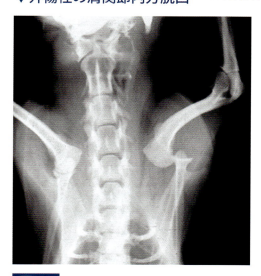

図2-6
単純X線検査所見（尾頭側像）

症例はパピヨン（8カ月齢，雌）で，上腕骨頭の内側への転位と正常な肩関節の構造が認められる（図2-2～図2-5と比較）。

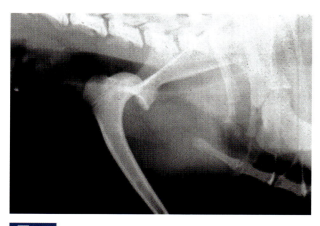

図2-7
単純X線検査所見（側面像）（図2-6と同一症例）

上腕骨頭の頭背側への転位と，正常な肩関節の構造が認められる（図2-2～図2-5と比較）。

第2章　前肢の跛行診断

肩関節（上腕骨）離断性骨軟骨症（OCD）

　肩関節（上腕骨）OCDは，成長期（5～9カ月齢）の中大型犬が罹患する。多くの場合は身体検査（触診／肩関節の伸展および屈曲）と単純X線検査によって診断することができる。また，関節鏡検査によって確定診断と治療が可能である（図2-8，図2-9，図2-10，図2-11，図2-12，図2-13，図2-14，図2-15，図2-16，図2-17）。

肩関節（上腕骨）OCD

▼身体検査

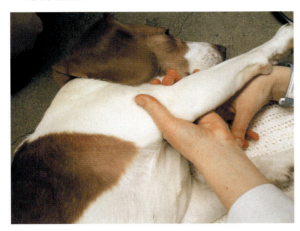

図2-8　肩関節の伸展

　上腕を保持して肩関節を伸展させる（肘関節より遠位を保持しない）。OCDの検査に重要である。疼痛反応に注意する。

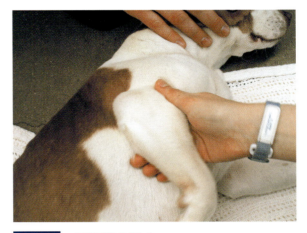

図2-9　肩関節の屈曲

　上腕を保持して肩関節を屈曲させる（肘関節より遠位を保持しない）。上腕二頭筋腱炎，上腕二頭筋腱起始部を含む裂離骨折，棘上筋腱石灰化症，骨腫瘍，OCDの検査に重要である。疼痛反応に注意する。

▼正常な肩関節（上腕骨頭）

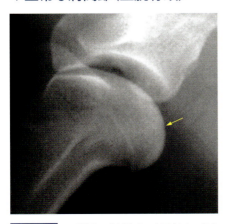

図2-10　単純X線検査所見（側面像）

　上腕骨頭・尾側部分の滑らかな円形の輪郭（矢印）に注目。

▼典型的な肩関節（上腕骨）OCD

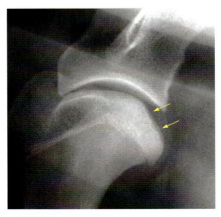

図2-11　単純X線検査所見（側面像）

　上腕骨頭・尾側部分の平坦化（矢印）に注目。

肩関節（上腕骨）OCD（つづき）

▼肩関節（上腕骨）OCD

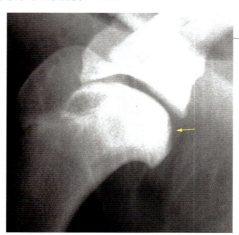

図2-12 単純X線検査所見（側面像）

　症例はラブラドール・レトリーバー（10カ月齢，去勢雄）で，上腕骨頭・尾側部の平坦化（矢印）に注目。

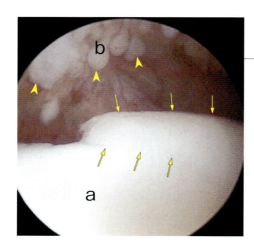

図2-13 関節鏡検査所見（OCDの頭側部分）
（図2-12と同一症例）

　単純X線検査所見で平坦化している部分は，関節鏡下では骨軟骨フラップ（組織片）として認められる。本症例ではフラップの頭側部分はまだ骨表面と連続して膨隆しているように観察される（矢印）。OCDの病態は軟骨下骨の骨化不全であるため，単純X線検査では骨欠損像として検出されることが多い。その他の関節内の変化として滑膜炎（矢頭）が認められる。OCDの典型的な所見である。
a：上腕骨頭
b：関節包（滑膜）

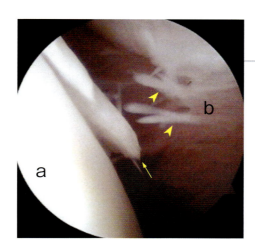

図2-14 関節鏡検査所見（OCDの尾側部分）
（図2-12と同一症例）

　骨軟骨フラップの尾側部分は関節面から剥離しており（矢印），これが進行すると遊離フラップとなる。滑膜炎（矢頭）が認められる。OCDの典型的な所見である。
a：上腕骨頭
b：関節包（滑膜）

第2章　前肢の跛行診断

▼肩関節（上腕骨）OCDと遊離した骨軟骨フラップ

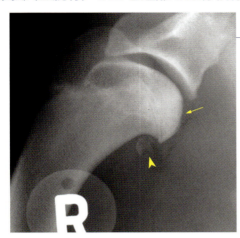

図2-15　単純X線検査所見（側面像）

症例はラブラドール・レトリーバー（10カ月齢，避妊雌）で，上腕骨頭・尾側部の平坦化（矢印）と遊離した骨軟骨フラップ（矢頭）が認められる。遊離フラップは尾側の広い関節腔内に浮遊しているものと思われる。

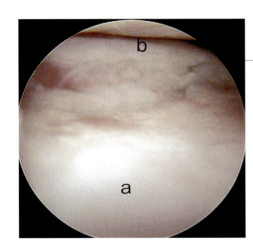

図2-16　関節鏡検査所見（OCD病変部）
（図2-15と同一症例）

関節軟骨の欠損と表層を覆う線維性組織（OCDベッド／組織床）が認められる。
a：上腕骨頭
b：関節包（滑膜）

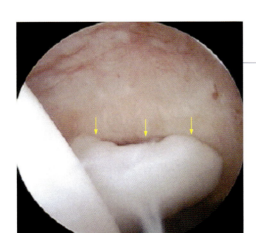

図2-17　関節鏡検査所見（尾側関節腔）
（図2-15と同一症例）

遊離した骨軟骨フラップが尾側関節腔内に認められる（矢印）。遊離フラップが単純X線検査で確認できるのは，フラップがある程度骨化している場合のみである。そのため，単純X線検査では上腕骨頭の平坦化や軟骨下骨の欠損像にとくに注意して観察する必要がある。

肩関節の骨関節症（Osteoarthritis/OA）

　骨関節症は，成犬において単純X線検査を実施した際，骨棘形成を偶然に発見することで診断されることが多い（図2-18, 図2-19）。通常は臨床症状を示すことはほとんどない（加齢や軟骨の磨耗による原発性の骨関節症）。一方，原発疾患があり二次的に進行した骨関節症，たとえば若齢期に罹患した肩関節OCDなどに起因して進行した骨関節症では，二頭筋腱を含む広範な炎症を呈し，より重度な臨床症状を示す傾向にある。ただし，単純X線検査において軽度な骨棘形成しか認められない場合でも，関節鏡検査により重度の病変が確認されることがある（図2-20, 図2-21）。

肩関節の骨関節症

▼軽度な骨関節症

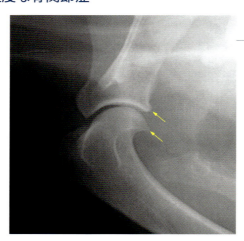

図2-18 単純X線検査所見（側面像）

　肩甲骨尾側関節窩と上腕骨頭尾側部分に軽度の骨棘形成が認められる（矢印）。

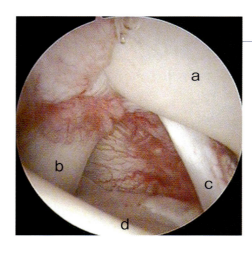

図2-19 関節鏡検査所見（関節の頭内側部）

　滑膜や靭帯付着部の血管新生が認められ，軽度の滑膜炎と診断された。
a：肩甲関節窩
b：上腕二頭筋腱
c：内側関節上腕靭帯
d：上腕骨頭

第2章　前肢の跛行診断

▼重度な骨関節症

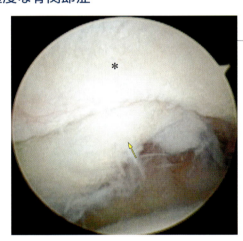

図2-20　関節鏡検査所見（中央部）

　症例はロット・ワイラー（6歳齢，去勢雄）で，単純X線画像上では軽度の骨棘形成などのわずかな変化しか認められなかったが，関節鏡検査では重度な関節軟骨の損傷が肩甲骨関節面（＊）に認められ，内側関節上腕靭帯（矢印）や周囲の滑膜の不整像も認められている。

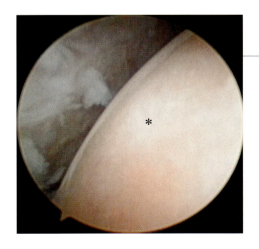

図2-21　関節鏡検査所見（尾側部）
　　　　（図2-20と同一症例）

　上腕骨頭の関節軟骨の完全欠損（＊）（本来，骨頭を覆って白くみえるはずの軟骨が存在しない）が認められる。

肩関節腱症

　肩関節腱症は，成犬の肩関節周囲の疼痛の原因として最も多くみられる腱の慢性炎症である。代表的疾患として，①上腕二頭筋腱炎（腱鞘炎，腱滑膜炎）(Biceps Tendinopathy, Tenosynovitis)，②棘上筋腱炎（石灰化）(Supraspinatus Tendinopathy, Mineralization) が挙げられる。両者はシグナルメント，臨床所見，身体検査所見（屈曲時の疼痛）が非常に類似しているため鑑別が重要である。これらの鑑別には"スカイライン"と呼ばれる特殊な方向の単純X線検査が有用となる場合がある。上腕二頭筋腱炎の確定診断には関節鏡検査が必要である（図2-22，図2-23，図2-24，図2-25，図2-26，図2-27，図2-28，図2-29，図2-30）。

肩関節腱症

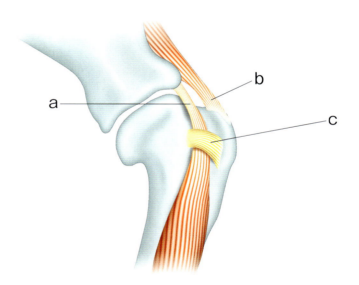

図2-22　肩関節周囲の腱の位置関係を示す模式図（左内側面）

a：上腕二頭筋腱
　　肩甲骨関節上結節に起始し，近位尺骨と橈骨の粗面に停止する2関節筋である。肘関節の屈曲と肩関節の伸展に作用する。
b：棘上筋腱
　　肩甲骨棘上窩に起始し，上腕骨大結節に停止する筋であり，肩関節の伸展と安定化に作用する。
c：上腕横支帯
　　結節間溝内を滑る上腕二頭筋腱を支える。

第2章　前肢の跛行診断

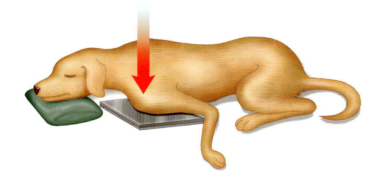

X線照射方向

図2-23
"スカイライン"撮影法による単純X線検査

　肩関節腱症のうち，上腕二頭筋腱炎と棘上筋腱炎を鑑別するために非常に有効な撮影法である。

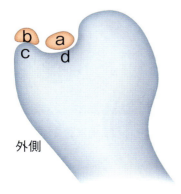

外側

図2-24
スカイライン画像上の腱の位置関係を示す模式図

a：上腕二頭筋腱
b：棘上筋腱
c：大結節
d：結節間溝

肩関節腱症（つづき）

▼上腕二頭筋腱炎

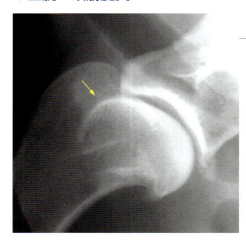

図2-25 単純X線検査所見（側面像）

典型的な上腕二頭筋腱炎の所見。結節間溝のX線不透過性の亢進所見（白くみえる領域：矢印）に注目。図2-29と比較的類似した所見のため、棘上筋腱炎との鑑別が難しい。

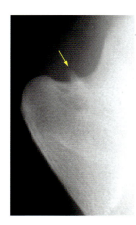

図2-26 単純X線検査所見（スカイライン像）

結節間溝内の典型的な腱鞘の石灰化（矢印）に注目。スカイライン像を用いれば、棘上筋腱炎との鑑別が可能である（図2-30と比較、図2-24についても参照のこと）。

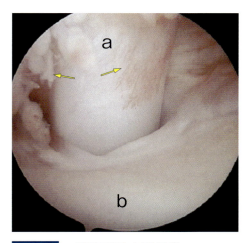

図2-27 関節鏡検査所見①

上腕二頭筋腱の血管新生と滑膜炎に注目（矢印）。
a：上腕二頭筋腱
b：上腕骨

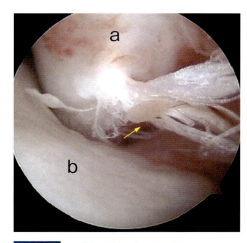

図2-28 関節鏡検査所見②

上腕二頭筋腱炎と併発した部分断裂（矢印）に注目。
a：上腕二頭筋腱
b：上腕骨

▼棘上筋腱炎

図2-29 単純X線検査所見(側面像)

典型的な棘上筋腱炎の所見。大結節周囲のX線不透過性の亢進所見(矢印：白く見える領域)に注目。図2-25と比較的類似した所見のため，上腕二頭筋腱炎との鑑別が難しい。

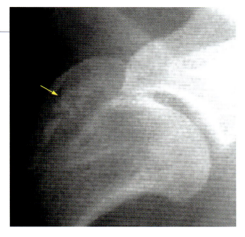

図2-30 単純X線検査所見(スカイライン像)

結節間溝外側の典型的な石灰化(矢印)に注目。スカイライン像を用いれば，上腕二頭筋腱炎との鑑別が可能である(図2-26と比較，図2-24についても参照のこと)。

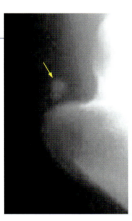

棘下筋腱拘縮症（Infrasoinatus Contracture）

　棘下筋腱拘縮症は，成犬で活動量の非常に多い猟犬などで認められる疾患で，進行性に発症する。棘下筋腱に限定した異常な線維化と拘縮のために特徴的な体位と歩様を示し（図2-31，図2-32），これらの身体検査所見（視診）のみによって診断が可能である。

棘下筋腱拘縮症

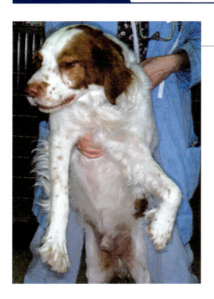

図2-31　典型的な体位（立位）

前肢が外転し，手根関節が屈曲位でぶらぶらしている。

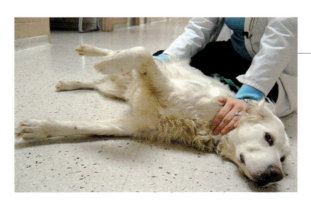

図2-32　典型的な体位（横臥位）

前肢が外転し，正常な位置に戻すことができない。

上腕二頭筋腱断裂（Biceps Tendon Rupture）

　上腕二頭筋腱断裂は，成犬において外傷性に発症する。通常，上腕二頭筋腱起始部付近が断裂することが多い。初期には疼痛や腫脹が存在し，跛行を示すが，触診上の異常は認められないことが多い。肩関節屈曲位で肘関節の伸展時の痛みや過伸展が認められることがある。確定診断には関節鏡検査が重要である（図2-33，図2-34）。

上腕二頭筋腱断裂

図2-33　関節鏡検査所見（肩前方部）

　症例はイングリッシュ・セッター（猟犬，4歳齢，去勢雄）で，肩関節屈曲時に疼痛を示したが単純X線画像上では異常が認められなかった。肩関節伸展時の関節鏡検査では小出血（矢印）以外はとくに異常は認められない（図2-34参照）。
a：肩甲骨
b：上腕二頭筋腱
c：上腕骨頭

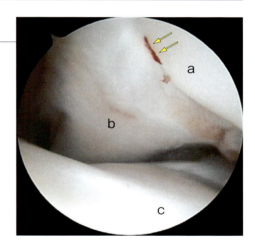

図2-34　関節鏡検査所見（肩関節屈曲時）
　　　　　（図2-33と同一症例）

　肩関節屈曲時の関節鏡検査によって上腕二頭筋腱の起始部における断裂および離開（矢印）が観察された。関節鏡によるリアルタイムの動的画像から診断が可能になった例である。
a：肩甲骨
b：上腕二頭筋腱
c：上腕骨頭

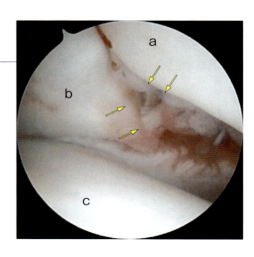

肩関節不安定症（動揺肩）（Shoulder Instability）

　肩関節不安定症は，前肢跛行の原因となるおもな疾患のひとつである。その病態には不明な部分が多く，確立された診断法もないが，肩関節周囲の運動に伴う不快感とさまざまな程度の前肢跛行を特徴とする。約80％が内方への不安定性を示すといわれている。前述した肩関節の脱臼とは異なる病態で，確定診断は困難であり，他の疾患を除外して各検査所見を総合的に判断する。

　身体検査（触診）において，肩関節の屈曲および伸展時に不快感を示し，肩関節外転テストで異常（50°以上／正常は30°程度）を示すことがある（図2-35）。単純X線検査では，本症が疑われることはあるが，確定診断は困難である（図2-37，図2-38）。関節鏡検査において，関節内構造（靱帯・関節包・腱）（図2-36）の損傷と過剰な可動域（上腕骨頭と肩甲関節窩の相対的な動きの増加）が直接目視される際に，本症を強く疑うことができる（図2-39，図2-40，図2-41，図2-42）。

肩関節不安定症（動揺肩）

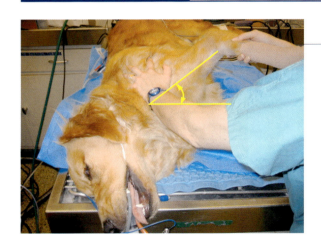

図2-35 身体検査（肩関節外転テスト）

　横臥位の状態で犬の上腕を外転し，およそ50°の角度まで到達する不安定性を認めることが診断基準の1つとして提唱されている。陽性の場合には，内側関節上腕靱帯の損傷もしくは断裂を疑う。しかしながら，実際には判断が困難な場合が多い。

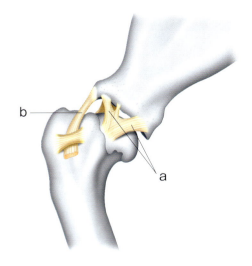

図2-36
肩関節内側関節上腕靱帯の位置関係を示す模式図（右内側面）

a：内側関節上腕靱帯
b：上腕二頭筋腱

第2章　前肢の跛行診断

図2-37　単純X線検査所見①

ほぼ正常と思われる肩関節。

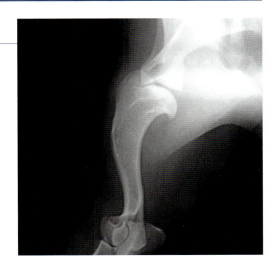

図2-38　単純X線検査所見②
　　　　　（図2-37と同一症例）

対側肢（図2-37）に比べて、尾側の関節腔が拡大している所見が認められ（矢印）、肩関節不安定症が疑われる。

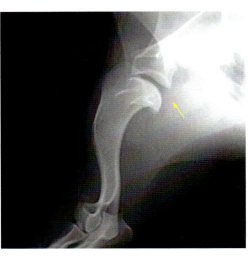

肩関節不安定症(動揺肩)(つづき)

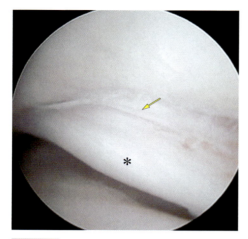

図2-39 関節鏡検査所見①

比較的正常な内側関節上腕靭帯(*)だが，微小な断裂像が認められる(矢印)。

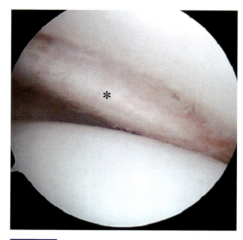

図2-40 関節鏡検査所見②

内側関節上腕靭帯(*)に広範な浮腫および血管新生が認められ，プローブにより緩みが確認された。

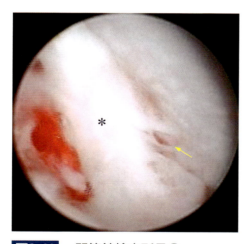

図2-41 関節鏡検査所見③

内側関節上腕靭帯(*)の部分断裂が認められ(矢印)，これが肩関節不安定症の原因と考えられる。

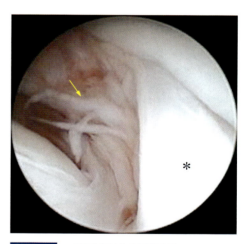

図2-42 関節鏡検査所見④

内側関節上腕靭帯(*)は正常だが，肩甲下筋腱(矢印)に炎症または部分断裂が疑われる。

肩関節およびその周囲の異常に対する特殊検査

　肩関節およびその周囲の異常は単純X線検査で確定診断できないことが多いため，各種の特殊検査が試みられている。術者の経験に左右されたり，一般的に検査費用が高価で利用に制限があるため，あまり現実的なオプションとはいえないが，ここでは診断学への有用性をいくつか解説したい。

1. 関節造影検査（図2-43）

　関節内構造の輪郭を描出するために造影剤を関節内に注入する方法であるが，麻酔または深い鎮静の必要性，穿刺の侵襲性，低解像度，非特異性などのために行われることはほとんどない。関節造影は，上腕二頭筋腱と棘上筋腱の相対的位置の決定やOCDの診断に応用されることがあるが，通常の単純X線検査テクニック（肩関節腱症にはスカイライン撮影法による単純X線検査，OCDには側方向による単純X線検査）のほうが診断に優れているため，一般的に推奨されない。

2. 超音波検査（図2-44，図2-45，図2-46，図2-47）

　肩関節周囲の軟部組織，とくに腱の異常の診断に優れている。麻酔を必要とせず比較的廉価で侵襲性のない非常に優れた方法であるので，強く推奨される。しかしながら腱の走行や骨形態など深い解剖学的知識が必要な検査である。

3. MRI 検査（図2-48，図2-49，図2-50）

　肩関節およびその周囲組織のすべて，とくに内側の構造物が鮮明に画像化されるため，診断への活用に大いに期待される。しかしながら，費用，麻酔の必要性などの問題がある。現在，正常像および異常像のデータを集積中である。

肩関節およびその周囲の異常に対する特殊検査

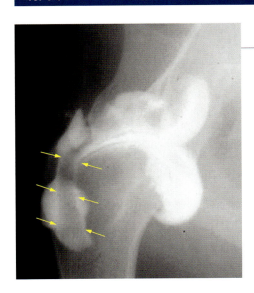

図2-43　正常な肩関節の造影検査所見

正常な肩関節では，関節造影により，とくに上腕二頭筋腱領域（矢印）の輪郭が明らかになる。

肩関節およびその周囲の異常に対する特殊検査（つづき）

図2-44
正常な肩関節の超音波検査所見（上腕二頭筋腱短軸断像）

正常では上腕二頭筋腱は楕円形で滑膜（矢印）との境界はわずかに認められる程度である。
a：結節間溝
b：上腕骨大結節
c：上腕二頭筋腱

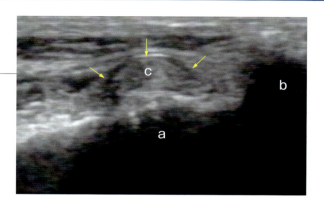

図2-45
肩関節不安定症の超音波検査所見（上腕二頭筋腱短軸断像）（図2-44と同一症例，反対側）

上腕二頭筋腱と滑膜（矢印）の間に低エコー領域（関節液の増量所見）が描出されている。
a：結節間溝
b：上腕骨大結節
c：上腕二頭筋腱

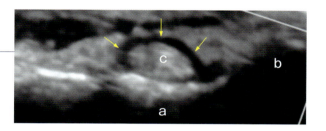

図2-46
正常な肩関節の超音波検査所見（上腕二頭筋腱長軸断像）（図2-44と同一症例）

関節上結節から起始し上腕骨に沿って走行する上腕二頭筋腱が描出されている。滑膜（矢印）との境界はわずかに認められる程度である。
a：上腕骨
b：肩甲骨関節上結節
c：上腕二頭筋腱

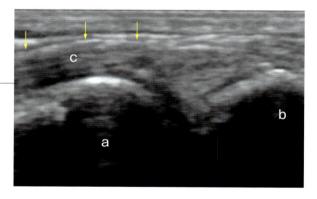

図2-47
肩関節不安定症の超音波検査所見（上腕二頭筋腱長軸断像）（図2-44と同一症例，反対側）

上腕二頭筋腱と滑膜（矢印）の間に低エコー領域（関節液の増量所見）が描出されている。
a：上腕骨
b：肩甲骨関節上結節
c：上腕二頭筋腱

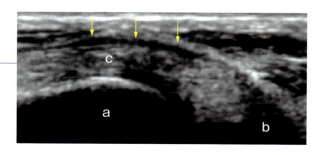

第2章　前肢の跛行診断

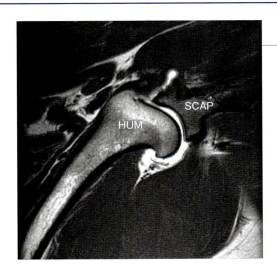

図2-48　正常な肩関節のMRI検査所見（矢状断面像）

関節面や周囲軟部組織の評価に利用できる。
HUM：上腕骨
SCAP：肩甲骨

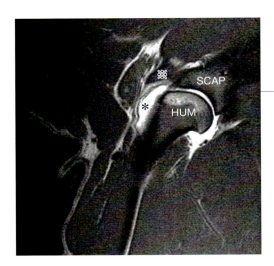

図2-49
肩関節頭側部に合わせた正常なMRI検査所見
（矢状断面像）
（図2-48と同一症例）

上腕二頭筋腱（＊）と棘上筋腱（※）が鮮明に画像化される。
HUM：上腕骨
SCAP：肩甲骨

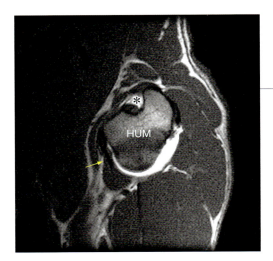

図2-50
肩前部の腱をターゲットとした正常なMRI検査所見
（横断面像）
（図2-48と同一症例）

結節間溝を走行する上腕二頭筋腱（＊）や，他の方法では画像化しにくい肩関節内側の軟部組織の構造（矢印）が画像化される。
HUM：上腕骨

4. CT検査（図2-51，図2-52，図2-53）

肩関節周囲の骨構造（OCD病変など）や腫瘍の評価に優れ，単純X線検査によって診断がつかないときに利用される。しかしながら，費用，麻酔の必要性，被曝などの問題がある。

肩関節およびその周囲の異常に対する特殊検査（つづき）

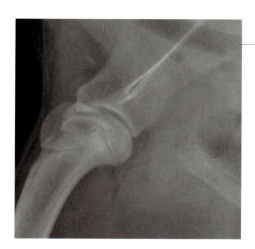

図2-51 肩関節OCDの単純X線検査所見

症例はラブラドール・レトリーバー（8カ月齢，去勢雄）で，シグナルメント，臨床症状，身体検査所見（肩関節伸展時の疼痛）によって肩関節OCDが疑われた。単純X線画像（側面像）ではOCDの典型的な所見は認められない。

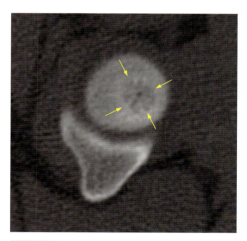

図2-52
肩関節OCDのCT検査所見（横断面像）
（図2-51と同一症例）

上腕骨頭に軟骨下骨の異常が認められ（矢印），肩関節OCDが強く示唆された。

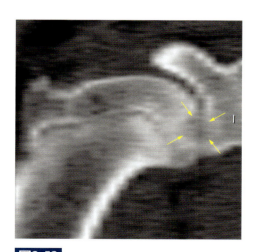

図2-53
肩関節OCDのCT検査所見（再構成した矢状断像）
（図2-51と同一症例）

上腕骨頭尾側部に軟骨下骨の異常が認められ（矢印），肩関節OCDが強く示唆された。本症例は関節鏡検査によってOCDが確認され，同時に治療も施された。

第2章　前肢の跛行診断

5. その他，生検（組織病理検査，培養検査）など

　画像診断検査や関節鏡検査で確定診断ができない場合には，生検が必要になることがある。生検によって確定診断が可能な病態として腫瘍や骨髄炎（感染症など）がある。

肘関節およびその周囲の異常に対する跛行診断
Lameness Examination in Dogs : Elbow Conditions

　肘関節は"寛容でない関節"といわれ，肘関節およびその周囲に発生する異常はしばしば重篤な臨床症状を示し，予後不良な場合が多い。とくに，肘関節形成不全などは早期診断および早期治療が極めて重要であるため，日常の臨床において細かな異常所見を確実に検出できるようにトレーニングしておくことが必要である。本項では，前肢跛行の原因として最も一般的である肘関節およびその周囲の異常を疑う症例に対する診断検査の手順を解説する。

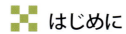
はじめに

　まず最初に，STEP1～9（シグナルメントと主訴～第三次仮診断）を経て，肘関節周囲の異常をリストアップする。肘関節およびその周囲の整形外科学的異常として，先天性および外傷性脱臼，肘関節形成不全（内側鉤状突起分離症〈FCP〉，肘突起分離症〈UAP〉，上腕骨内側上顆の離断性骨軟骨症〈OCD〉），肘関節不一致（亜脱臼），骨折，汎骨炎などが挙げられる。鑑別診断には，患者のシグナルメント（犬種，サイズ，年齢）がとくに重要となる。

　続いて，STEP10（診断計画，診断検査）を進めていくが，この際にとくに重要なことは，整形外科学的な診断検査を開始する前に，肘関節痛の原因となり得る内科疾患（骨髄炎，免疫介在性多発性関節炎を含む），神経学的疾患および腫瘍性疾患（末梢神経の障害や腫瘍，滑膜肉腫など）を鑑別することである。これらの疾患が疑わしい場合は，血液検査をはじめ，それらの診断検査を優先して行うことが大切である。また，肘関節およびその周囲の整形外科学的異常を疑う場合でも，肩関節，手根関節，肢端部などを慎重に検査し，これらの部位の異常を見逃さないようにする。

　通常，肘関節およびその周囲の異常を診断する際は，身体検査の"3操作"（立位，横臥位〈伸展・屈曲〉）（図2-54，図2-55，図2-56，図2-57）と"2方向3種類"の単純X線検査（頭尾側像，伸展位側面像，屈曲位側面像）（図2-58，図2-59，図2-60）を必ず行い，総合的に判断する。単純X線検査は，比較のため必ず両側を撮影する。

　先天性および外傷性脱臼，肘関節不一致（亜脱臼），骨折，汎骨炎は単純X線検査によって必ず確定診断できる疾患である。一方，肘関節形成不全は単純X線検査のみでは確定診断は困難な場合があり，単純X線検査と併せて，CT検査や関節鏡検査を行う必要がある。

肘関節に対する身体検査の"3操作"

図2-54 身体検査（立位）①

立位において肘関節の腫脹を検査する。

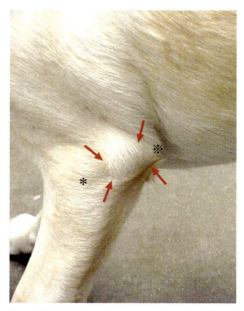

図2-55 身体検査（立位）②

上顆（＊）と肘頭（※）の間に明らかな液体貯留による腫脹（矢印）が認められ，肘関節の異常が疑われる。

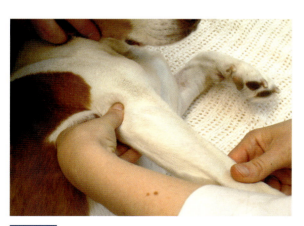

図2-56 身体検査（横臥位，伸展）

肘関節を完全伸展した際に疼痛反応が認められる場合は，肘関節の異常を疑う。これは肘関節異常のサインとして一番はじめに認められる所見であり，極めて重要なため見逃してはならない。

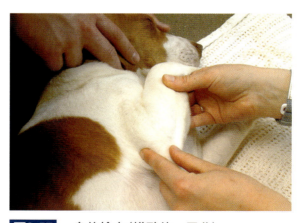

図2-57 身体検査（横臥位，屈曲）

肘関節の屈曲方向の可動域制限が認められる場合は，肘関節の異常がすでに発症していることを示す。

"2方向3種類"の単純X線検査

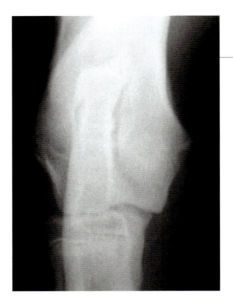

図2-58
正常な肘関節の単純X線検査所見（頭尾側像）

骨折，脱臼，骨棘，OCD，UMEの評価に有用。

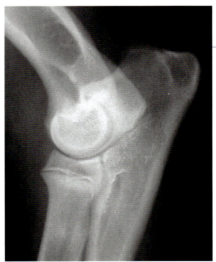

図2-59
正常な肘関節の単純X線検査所見（伸展位側面像）

骨折，脱臼，不一致，骨棘，汎骨炎，骨硬化像の評価に有用。

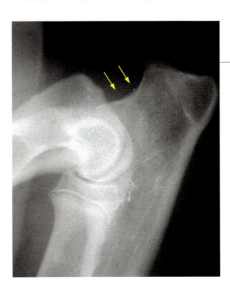

図2-60
正常な肘関節の単純X線検査所見（屈曲位側面像）

とくに肘突起領域（矢印）の評価に有用。

先天性肘関節脱臼

先天性肘関節脱臼は，身体検査（触診）と単純X線検査により診断する。触診では，異常な骨構造と重度に減少した可動域とそれに伴う疼痛が認められる。単純X線検査で明らかな骨構造の変位が認められる（図2-61，図2-62）。

先天性肘関節脱臼

▼橈骨-上腕骨脱臼

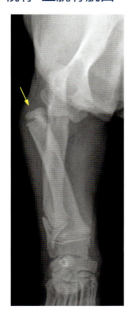

図2-61 単純X線検査所見（頭尾側像）

頭尾側像において，橈骨頭が外側に変位している点（矢印）に注目。また，側面像において，尺骨－上腕骨の間に不一致（亜脱臼）も認められる（矢印）。

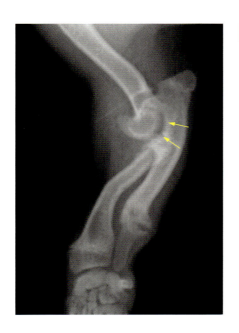

図2-62 単純X線検査所見（側面像）

肘関節不一致（亜脱臼）（Elbow Incongruency/Incongruity）

　肘関節不一致（亜脱臼）は，身体検査（触診）と単純X線検査により診断する。おもに，尺骨－上腕骨のあいだに不一致が認められる。原発性疾患（先天性，成長性）と，続発性疾患（尺骨または橈骨遠位の成長板障害に引き続き起こる）がある。触診では，可動域の減少とそれに伴う疼痛が認められる。単純X線検査では，関節の不一致（間隙）がしばしば認められる（**図2-63**，**図2-64**，**図2-65**）。ただし，正確な診断のためにはCT検査が必要となる（**図2-66**，**図2-67**）。

肘関節不一致（亜脱臼）

▼尺骨遠位の成長板障害

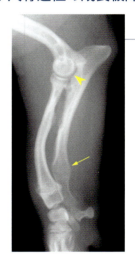

図2-63 単純X線検査所見（側面像）

　上腕骨顆と尺骨の適合性が不良で，間隙（矢頭）が認められる。尺骨遠位成長板の早期閉鎖（矢印）により，尺骨長の短縮が生じたために不一致が起きたと考えられる。

▼尺骨または橈骨遠位の成長板障害

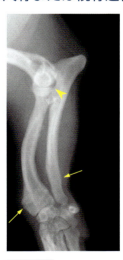 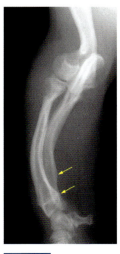

図2-64 単純X線検査所見（側面像）

図2-65 単純X線検査所見（頭尾側像）

　尺骨または橈骨遠位の成長板障害（矢印），彎曲および捻れ変形，そして続発した重度な肘関節の不一致（矢頭）が認められる。

第2章　前肢の跛行診断

▼橈骨遠位の成長板障害

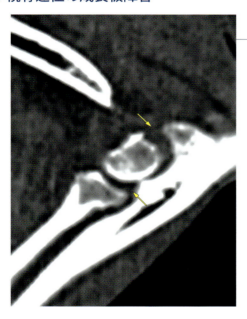

図2-66 CT検査所見（矢状断像）

橈骨遠位成長板の早期閉鎖により，橈骨長の短縮が生じたため，橈骨－上腕骨，尺骨－上腕骨間に不一致（亜脱臼）（矢印）が生じている。

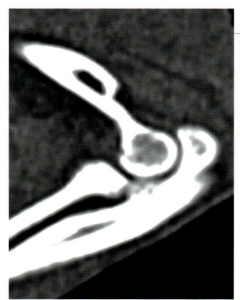

図2-67 CT検査所見（矢状断像）

同一症例の正常側。

肘関節骨折

　肘関節骨折は，身体検査（触診）と単純X線検査により診断する。触診では，著しい腫脹，軋轢音（感）および疼痛が認められる。単純X線検査では，明らかな骨顆の変位が認められる（**図2-68，図2-69，図2-70，図2-71**）。小型犬や若齢犬では，大きな外傷歴がない場合（飼い主の腕から飛び降りるなど）でも骨折が起こり得る。

肘関節骨折

▼上腕骨顆外側部の骨折（関節内骨折）

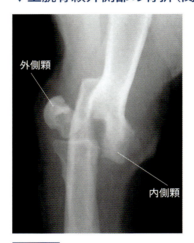

図2-68
単純X線検査所見（頭尾側像）

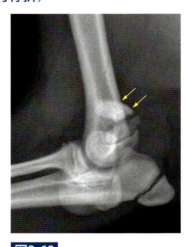

図2-69
単純X線検査所見（側面像）

上腕骨顆外側部骨折のほうが内側部骨折よりも一般的に多く認められる。2方向の単純X線検査を行うことによって複雑な骨折形状（矢印）が明らかになる。

▼上腕骨顆外側部および内側部の骨折（関節内骨折／Y字骨折）

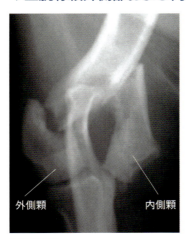

図2-70
単純X線検査所見（頭尾側像）

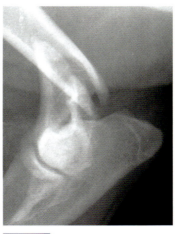

図2-71
単純X線検査所見（側面像）

骨折線の方向からY字骨折とも呼ばれ，手術の際に最も高度な技術を要する骨折である。

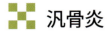 汎骨炎

　汎骨炎は，身体検査（触診）と単純X線検査により診断する。触診では，骨幹部の圧痛が認められる。単純X線検査では，骨髄領域の斑状の白化が認められる（図2-72）。他の肘関節周囲の異常と異なり，早急な治療開始や特別な治療を必要とせず，予後も良好である。そのため，的確に診断を下すことが重要である。

汎骨炎

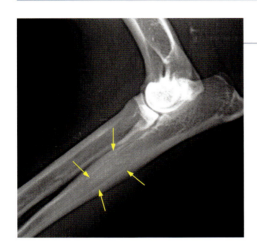

図2-72 単純X線検査所見（側面像）

　斑状のX線不透過性の亢進所見が特徴的である（矢印）。尺骨の近位が本疾患の好発部位で，疼痛を呈する。肘関節の疼痛と間違われやすい。

肘関節形成不全（Elbow Dysplasia）

　肘関節形成不全には，内側鉤状突起分離（FCP）／肘関節離断性骨軟骨症（OCD）／肘突起不癒合（UAP）／内側上顆不癒合（UME）などの病態が含まれる。これらの発症部位を**図2-73**に示す。肘関節形成不全，とくにFCPはX線検査による診断が非常に困難で，多くの症例においてX線検査所見は正常にみえる。しかし，早期に発見し治療しないと予後が不良な疾患であるため，臨床症状と身体検査所見をもとに外科的な探索を積極的に行うことが肝要である。言い換えれば，X線画像上に明らかな変化が認められるような症例は，すでに病状が進行している場合が多いと考えたほうがよい。

肘関節形成不全の発症部位

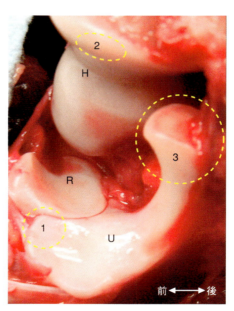

図2-73 肘関節の肉眼所見（内側から観察した関節面）

R：橈骨頭
U：尺骨
H：上腕骨顆
1：FCPの発症部位
2：OCDの発症部位
3：UAPの発症部位

1. 肘関節形成不全に対する"2方向3種類"の単純X線検査

【単純X線側面像】
　側面像を用いてまず肘関節周囲に何らかの異常があるかを全体的に観察し，たとえば骨折，脱臼，骨破壊像などの明らかな異常の有無を確認する。側面像を用いてUAPの有無を確認することも可能であるが，屈曲位側面像のほうが適している。
　正常な関節に比べて，全体的に，あるいは特定の部位にX線不透過性の亢進所見が確認されたら，肘関節形成不全とそれに続発した骨関節症による変化が強く示唆される。これは通常，FCPが原因であることが多い（図2-74，図2-75）。また，成長期の大型犬で重要な鑑別疾患の1つである汎骨炎の有無の確認も必ず行う（図2-76，図2-77）。ただし，肘関節形成不全と汎骨炎の両方に罹患していることもあるので，身体検査所見とX線検査所見を組み合わせて臨床的診断を行うことが重要である。

肘関節形成不全の単純X線検査（側面像）

▼FCPが疑われる症例

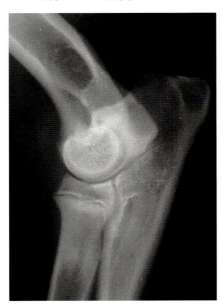

図2-74
単純X線検査所見（側面像）

　臨床症状が認められない正常な肘関節。

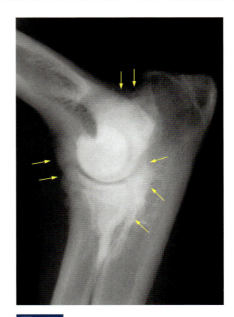

図2-75
単純X線検査所見（側面像）

　図2-74の対側肢。全体的にX線不透過性が亢進し，とくに矢印で示された領域に不整な軽度の骨棘が認められる。これらの変化は通常，FCPに続発する初期の骨関節症の典型的な所見である。

> **読影時のポイント**
> - 骨関節症関連の変化（X線不透過性の亢進所見や骨棘形成の有無）を確認（通常はFCPが原因）
> - 汎骨炎の有無を確認

肘関節形成不全の単純X線検査（側面像）（つづき）

▼FCPと汎骨炎の比較

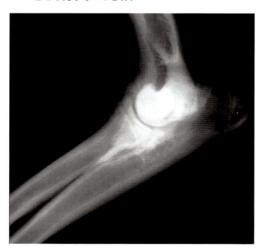

図2-76 単純X線検査所見（側面像）

FCPの典型的な所見。図2-75を参照のこと。

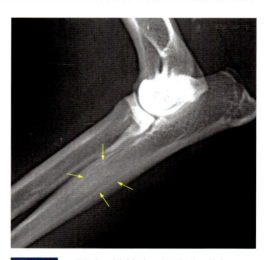

図2-77 単純X線検査所見（側面像）

汎骨炎の典型的な所見。尺骨近位骨幹部の髄腔領域にX線不透過性の亢進所見（矢印）が認められる。図2-76との違いに注目。

第2章　前肢の跛行診断

【単純X線頭尾側像】

前述の側面像と同様に，頭尾側像を用いてまず全体的な観察を行い，とくに内側部に注目し，不整な骨増生や骨棘の有無を確認する（図2-78，図2-79）。これは通常FCPに続発する骨関節症の典型的な変化である。頭尾側像はOCDの診断に最大の威力を発揮する。図2-80および図2-81に示すように，上腕骨顆の内側の関節面に骨欠損像が認められる場合はOCDを強く疑う。OCDとFCPを併発している症例は多く，確定診断には，CT検査，関節鏡検査，関節切開術などが必要である。また，稀にラブラドール・レトリーバーでみられるUMEも頭尾側像によって診断される。

肘関節形成不全の単純X線検査（頭尾側像）

▼FCPが疑われる症例

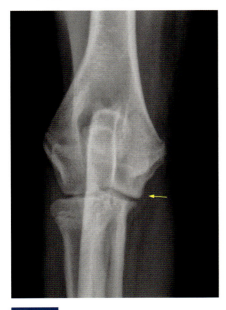

図2-78
単純X線検査所見（頭尾側像）

臨床症状が認められない正常な肘関節。滑らかな骨の輪郭に注目（矢印）。

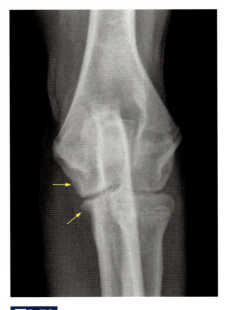

図2-79
単純X線検査所見（頭尾側像）

図2-78の対側肢。臨床症状（跛行）と腫脹，伸展時疼痛を示した肘関節。対側肢と比べ，内側部分に骨性の変化（軽度の骨棘像，矢印）が認められる。これらの変化からFCPを疑う。

> **読影時のポイント**
> - 骨関節症関連の変化（X線不透過性の亢進所見や骨棘形成の有無）を確認（通常はFCPが原因）
> - OCDの有無を確認

肘関節形成不全の単純X線検査（頭尾側像）（つづき）

▼OCDが疑われる症例

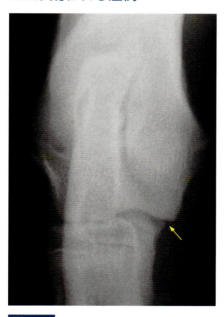

図2-80
単純X線検査所見（頭尾側像）

　臨床症状の認められない正常な肘関節。滑らかな関節面の輪郭に注目（矢印）。

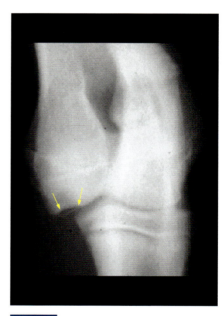

図2-81
単純X線検査所見（頭尾側像）

　OCDの典型的な所見。上腕骨顆の内側部分の関節面に明らかな骨欠損像が認められる（矢印）。

【単純X線屈曲位側面像】

　前述の2方向像と同様に，屈曲位側面像は骨関節症関連のX線不透過性の亢進所見の確認に使用できる。とくに，肘突起周辺の骨棘の有無の確認に有用で，前述の2方向像と同様，これは通常，FCPの所見である（図2-82, 図2-83）。屈曲位側面像はUAPの診断にも有用である。図2-84および図2-85に示すように，肘突起にX線透過性の線状の欠損像が認められる場合はUAPと診断する。UAPとFCPを併発している症例は非常に多い。

肘関節形成不全の単純X線検査（屈曲位側面像）

▼FCPが疑われる症例

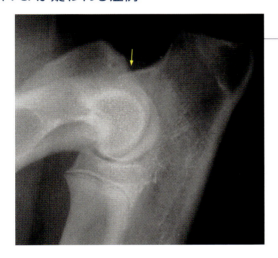

図2-82 単純X線検査所見（屈曲位側面像）

　臨床症状の認められない正常な肘関節。滑らかな関節面の輪郭に注目（矢印）。

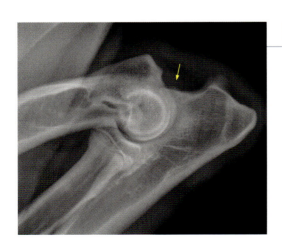

図2-83 単純X線検査所見（屈曲位側面像）

　跛行と腫脹，伸展時疼痛を示した肘関節。肘突起の関節面に骨性の変化（軽度の骨棘，矢印）が認められる。これらの変化は通常，FCPに続発する初期変化の典型的な所見である。

> **読影時のポイント**
> - 骨関節症関連の変化（X線不透過性の亢進所見や骨棘形成の有無）を確認（通常はFCPが原因）
> - UAPの有無を確認

肘関節形成不全の単純X線検査（屈曲位側面像）（つづき）

▼UAPが疑われる症例

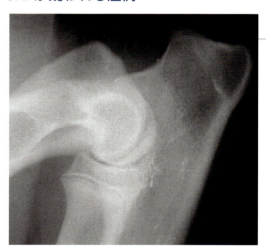

図2-84 単純X線検査所見（屈曲位側面像）

臨床症状の認められない正常な肘関節。

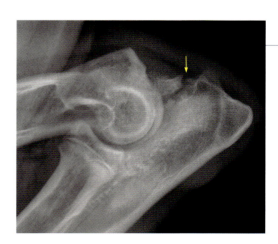

図2-85 単純X線検査所見（屈曲位側面像）

UAPの典型的な所見。肘突起に明らかな線状の欠損像が認められる（矢印）。

2. 内側鉤状突起分離（FCP）

　FCPは犬の前肢跛行のおもな原因のひとつであり，肘関節形成不全のなかで最も一般的である。分離や軟骨の異常にはさまざまな程度がある（図2-86，図2-87，図2-88）。X線画像上で骨軟骨片が認められること（図2-89）は非常に稀であり，通常はまったく正常にみえるか，肘関節全域に及ぶ非特異的な骨増生（骨棘形成）の変化を認めるに過ぎない（前述）。このように，X線検査での診断が困難なためにしばしば診断が遅れてしまい，治療の時機を逸してしまうことが多い。特殊な斜位方向のX線撮影テクニックや，

FCP

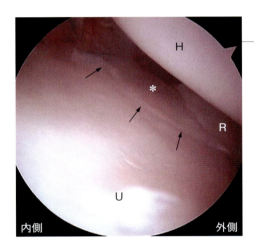

図2-86 低グレードFCPの関節鏡検査所見（右側肘関節）

　非常に表層性の軽度な軟骨の変化（＊）とわずかな境界部分（矢印）が認められる。このタイプはCT検査を行っても検出できないこともある（図2-92，図2-93参照）。
R：橈骨頭
U：尺骨
H：上腕骨顆

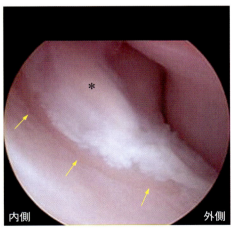

図2-87 中グレードFCPの関節鏡検査所見（右側肘関節）

　分離しかけて盛り上がった領域（＊）と全層性の軟骨の欠損（矢印）が認められる。このタイプはCT検査を行っても検出できないことがある。

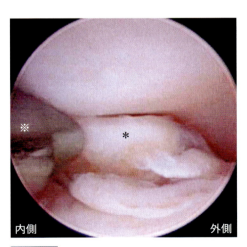

図2-88 高グレードFCPの関節鏡検査所見（右側肘関節）

　完全に分離した鉤状突起の内側部分（＊）が関節内に遊離している（※は金属製プローブ）。このタイプはCT検査で検出できる（図2-90，図2-91参照）。

超音波検査，CT検査（図2-90，図2-91，図2-92，図2-93）などが試みられてきたが，これらを組み合わせても診断が困難なことが多く，現在では関節鏡検査のみが有効に確定診断を下すことができる検査方法とされている（図2-94，図2-95）。

実際には，臨床症状（前肢跛行），身体検査所見（伸展時の疼痛，関節液貯留による腫脹），X線検査所見（OCD・UAP・汎骨炎が認められない）によりFCPと仮診断が下され，関節鏡検査が実施される。4～7カ月齢の若齢犬で臨床症状が認められるものに対しては，なるべく早く診断検査と治療を行うべきである。

FCPの病態は単純な骨軟骨片の分離ではない。最大の問題は肘関節内側部分全般にわたる関節軟骨の病理（軟化・細線維化・欠損）と続発した骨関節症にある。とくに，上腕骨顆の軟骨の欠損（図2-96，図2-97）は予後不良因子と考えられる。

FCP（つづき）

▼FCPが疑われる症例

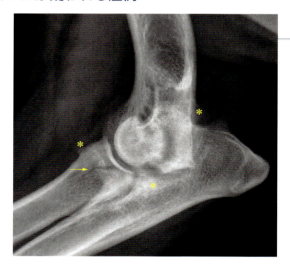

図2-89 単純X線検査所見（側面像）

FCPの分離骨軟骨組織片（矢印）がX線画像上で認められる非常に稀な例。その他の典型的なX線不透過性亢進所見（＊：骨棘）にも注目。

▼CT検査でFCPが明らかに確認できる症例

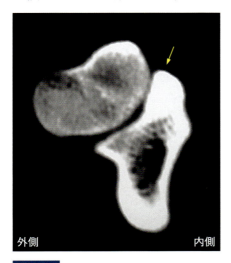

図2-90
CT検査所見（左側肘関節，横断像）

正常な鉤状突起内側部分（矢印）。

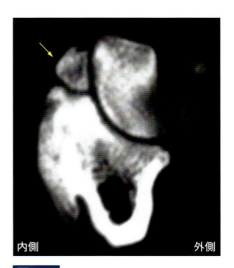

図2-91
CT検査所見（右側肘関節，横断像）

大きな分離骨片（矢印）を有するFCPの場合は，CT検査で検出が可能である（図2-88，図2-94参照）。

▼CT検査でFCPが疑われる症例

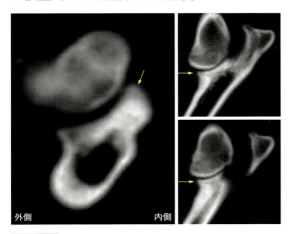

図2-92
CT検査所見
（左側肘関節，横断像と矢状断像）

正常と思われる内側鉤状突起（矢印）が認められる。

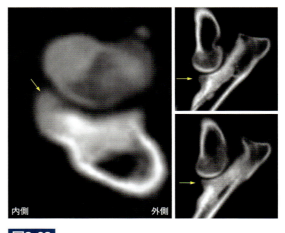

図2-93
CT検査所見
（右側肘関節，横断像と矢状断像）

臨床症状を呈する肘関節の鉤状突起内側部分に分離は認められないが，CT値の低下（矢印）が認められ，異常な鉤状突起内側部分（低グレードのFCP）が疑われる（図2-86，図2-95参照）。

FCP（つづき）

▼FCPの診断においてCT検査の限界を示す症例

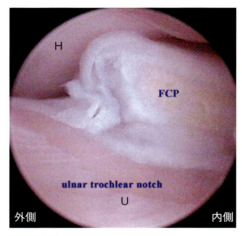

図2-94
高グレードFCPの関節鏡検査所見
（左側肘関節）

このような大きな分離骨軟骨片を有する高グレードのFCPは，CT検査で検出が可能である（図2-91参照）。
U：尺骨
H：上腕骨顆

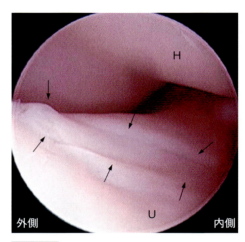

図2-95
低グレードFCPの関節鏡検査所見
（左側肘関節）

このような表層性で非分離性の低グレードのFCP（矢印）は，CT検査では検出が困難である（図2-93参照）。
U：尺骨
H：上腕骨顆

▼上腕骨顆関節軟骨の欠損が明らかな症例

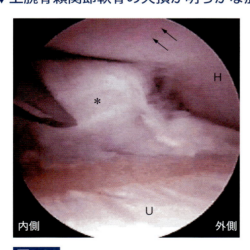

図2-96
上腕骨顆関節軟骨の欠損を示す
関節鏡検査所見（右側肘関節）①

FCP（＊）とそれに対応する上腕骨顆の関節軟骨に広域にわたる線状の欠損（矢印）が認められる。
U：尺骨
H：上腕骨顆

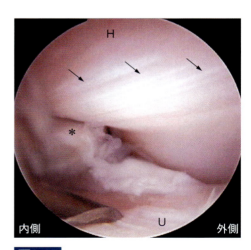

図2-97
上腕骨顆関節軟骨の欠損を示す
関節鏡検査所見（右側肘関節）②

FCP（＊）とそれに対応する上腕骨顆の関節軟骨に広域にわたる線状の欠損（矢印）が認められる。
U：尺骨
H：上腕骨顆

第2章　前肢の跛行診断

3. 肘関節離断性骨軟骨症（OCD）

　OCDはしばしば単純X線検査で診断が可能であるが（図2-98，図2-99，図2-100），単純X線画像上の変化が軽度な場合があるため，注意深く観察する必要がある（図2-101，図2-102）。実際には，単純X線画像上の変化が軽度であっても関節鏡検査によって大型のOCDフラップが確認されることも多い（図2-103，図2-104，図2-105）。またFCPと併発する例も多いことから（図2-106，図2-107），外科的治療時にはOCDだけでなく内側鉤状突起領域も探索し，FCPの有無について確認する必要がある。

肘関節OCD

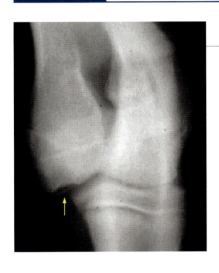

図2-98 単純X線検査所見（頭尾側像）

　OCDの典型的な所見。上腕骨顆の内側部分の関節面に明らかな骨欠損像が認められる（矢印）。

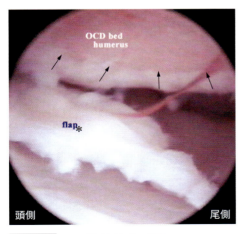

図2-99 関節鏡検査所見

　OCD組織床（bed：矢印）とOCDフラップ（flap：＊）が認められる。

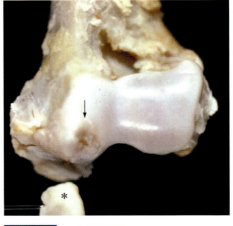

図2-100 肉眼所見

　OCD組織床（bed：矢印）とOCDフラップ（flap：＊）が認められる。

肘関節OCD（つづき）

▼両側性の肘関節OCDが疑われる症例

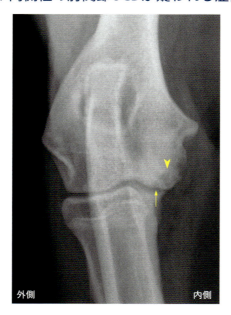

図2-101　単純X線検査所見（右側肘関節，頭尾側像）

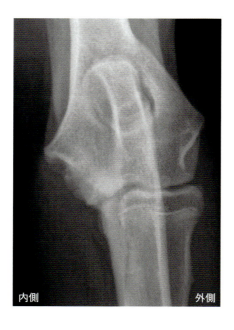

図2-102　単純X線検査所見（左側肘関節，頭尾側像）

　OCDを示唆する所見が認められるが，変化は軽度であるため注意深い観察が要求される。とくに関節面のわずかな凹部分（矢印）とその内部にあたる軟骨下骨領域のX線透過性の亢進所見（矢頭）に注目（図2-103，図2-104，図2-105参照）。

第2章　前肢の跛行診断

▼両側性の肘関節OCDが疑われる症例（図2-101，図2-102と同一症例）

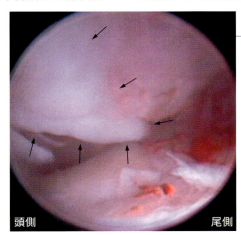

図2-103　関節鏡検査所見①（右側肘関節）

OCDフラップの輪郭を矢印で示す。微妙なX線画像上の変化（図2-101参照）にもかかわらず，大型のOCDフラップが確認された。左側肘関節も同様の所見であった。

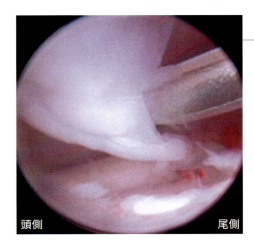

図2-104　関節鏡検査所見②（右側肘関節）

器具を用いて，OCDフラップの挙上および切離による治療を実施した。

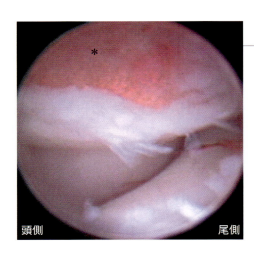

図2-105　関節鏡検査所見③（右側肘関節）

OCDフラップの挙上および切離による治療後の組織床（＊）。

肘関節OCD（つづき）

▼OCDとFCPを併発している症例

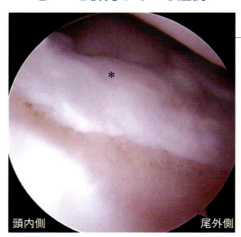

図2-106 関節鏡検査所見①（右側肘関節）

肘関節の前方内側の典型的な位置にFCP（＊）が確認された。

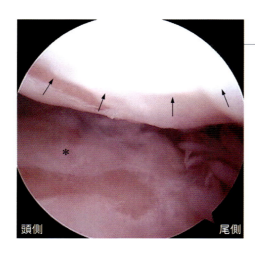

図2-107 関節鏡検査所見②（右側肘関節）

図2-106と同一関節内において，上腕骨の内側骨顆にOCD（矢印）が確認された。

4. 肘突起不癒合（UAP）

　UAPはしばしば単純X線検査でも診断が可能であり，関節鏡検査によって肘突起分離部分の確認が可能である（**図2-108，図2-109**）。FCPと併発する例も多く（**図2-110，図2-111**），治療時にはUAPだけでなく内側鉤状突起領域も探索し，FCPの有無についても確認する必要がある。また，肘関節の不一致と関連しているUAPもある（**図2-112**）。

UAP

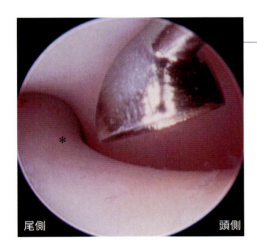

図2-108 関節鏡検査所見①（左肘関節）

正常な肘突起領域。滑らかな関節面（*）に注目。

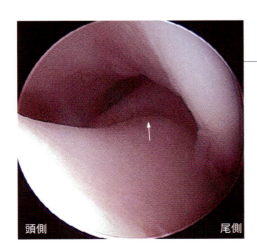

図2-109 関節鏡検査所見②（右肘関節）
（図2-108と同一症例）

UAPの明らかな分離部分（矢印）が認められる。

UAP（つづき）

▼UAPとFCPを併発している症例

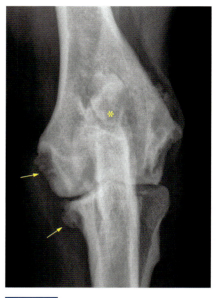

図2-110
単純X線検査所見（頭尾側像）

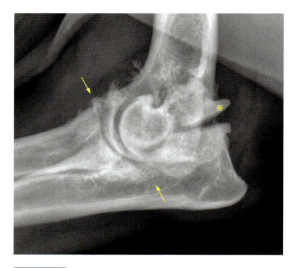

図2-111
単純X線検査所見（側面像）

明らかなUAP（＊）と関節全般に広がるFCPに特徴的な変化（矢印）に注目。本症例は関節鏡検査によってUAPとFCPが明らかとなった。

▼肘関節不一致と関連したUAPが疑われる症例

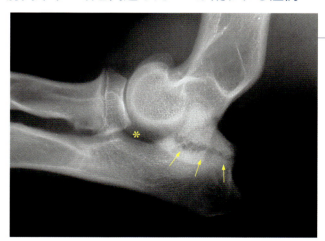

図2-112　単純X線検査所見（側面像）

関節の不一致を示唆する間隙（＊）とUAPの分離線（矢印）が認められる。

5. 内側上顆不癒合（UME）

UMEはラブラドール・レトリーバーで稀にみられる肘関節形成不全のひとつで，頭尾側方向の単純X線検査によって診断される（図2-113）。

6. 肘関節形成不全と重度骨関節症

肘関節形成不全は遺伝性成長期疾患であり，進行性の骨関節症を引き起こし重篤な臨床症状の原因となる。1～2歳齢の若齢犬においても，単純X線検査上で明らかな変化が認められる（図2-114，図2-115，図2-116，図2-117，図2-118）。

UME

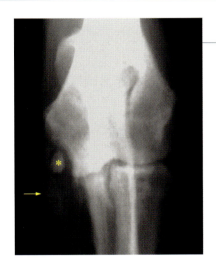

図2-113 単純X線検査所見（頭尾側像）

UMEの骨軟骨片（＊）と続発する関節包領域の骨棘（矢印）が認められる。

肘関節形成不全に続発する骨関節症

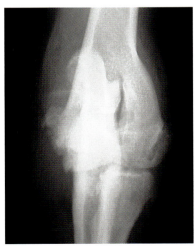

図2-114 単純X線検査所見（頭尾側像）

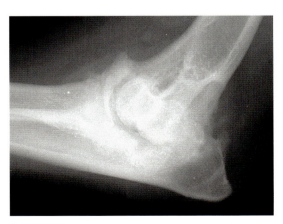

図2-115 単純X線検査所見（側面像）

肘関節形成不全に続発する骨関節症の典型的な単純X線画像上の変化が認められる。

肘関節形成不全に続発する骨関節症（つづき）

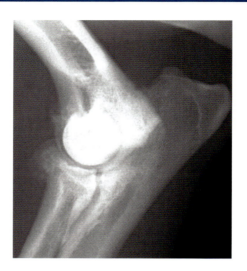

図2-116
軽度の骨関節症の単純X線検査所見（側面像）

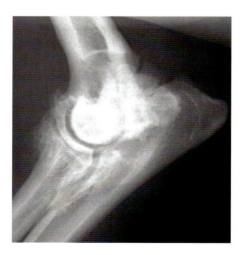

図2-117
中程度の骨関節症の単純X線検査所見（側面像）

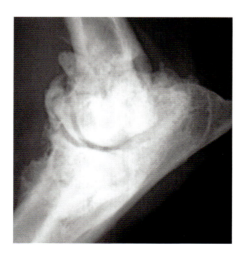

図2-118
重度の骨関節症の単純X線検査所見（側面像）

　肘関節形成不全に続発する骨関節症は着実に進行し，臨床症状もこれに伴い悪化する。画像は同一症例における単純X線検査所見上の経時的変化を示す。

前腕，手根関節およびその周囲の異常に対する跛行診断
Lameness Examination in Dogs : Forelimb Conditions

　本項では，前肢跛行の原因として，前腕，手根関節およびその周囲の異常を疑う症例に対する診断検査の手順を解説する。

 はじめに

　まず最初に，STEP 1～9（シグナルメントと主訴～第三次仮診断）を経て，前腕，手根関節およびその周囲の異常をリストアップする。前腕，手根およびその周囲の整形外科学的異常として，若齢犬では前腕骨折，前腕成長異常（成長板早期閉鎖），肥大性骨異栄養症（HOD），成長板の軟骨遺残症（RCC）などが挙げられ，成犬ではさまざまな程度の外傷に起因する骨折や関節障害が挙げられる。

【若齢犬】
　若齢犬における前肢跛行の原因としては，肩関節の先天性／成長性異常（脱臼，OCD），肘関節の先天性／成長性異常（脱臼，肘関節形成不全：FCP，OCD，UAP），上腕骨顆骨折，汎骨炎などが一般的であるが，これらが認められなかった場合，前腕，手根関節，手根部，そして肢端部を注意深く検査する必要がある。
　若齢犬における前腕骨折および前腕の成長異常は，早期診断・治療を必要とする前肢跛行の原因となる整形外科学的異常であり，肘関節と肩関節の異常に比べると病歴・身体検査によって比較的容易に仮診断が得られることが多い。
　前腕の骨折，つまり橈尺骨の骨折は，大きな外傷がなくても発症し，とくに小型犬では頻発する問題である。これは問診（外傷歴），歩様（前肢の完全挙上），身体検査所見（前腕部の腫脹疼痛，不安定性）によって仮診断を下すことができる。前腕の成長異常，おもに尺骨遠位成長板の障害（成長板早期閉鎖）は，前肢の複雑な変形につながり，通常は姿勢と歩様の観察により仮診断を下すことができる。これは単に変形した橈尺骨という問題ではなく，肘関節の不一致や手根関節の外反・内反変形を引き起こし，早期に対処しないと治療が困難になる厄介な問題である。

【成犬】
　成犬における前肢跛行の原因としては，肘関節の骨関節症，肩関節周囲の腱症，そして近位上腕骨の骨肉腫などが一般的であるが，これらが認められなかった場合，前腕，手根関節，手根部，そして肢端部を注意深く検査する必要がある。さまざまな程度の外傷に起因する骨折や関節障害は，前肢跛行の原因となる整形外科的異常であり，これらの異常は，肘関節と肩関節の異常に比べると，病歴・外傷歴を詳しく問診することによって比較的容易に仮診断が得られることが多い。

続いて，STEP10（診断計画，診断検査）を進めていくが，シグナルメント，この際にとくに重要なことは，前腕，手根関節痛の原因となる腫瘍性疾患，内科疾患（免疫介在性多発性関節炎など），神経性疾患を鑑別することである。これらの疾患が疑われる場合は，血液検査をはじめ，それらの診断検査を優先して行うことが大切である。これらの疾患はすべて深刻な問題であり，整形外科疾患とはまったく異なったアプローチを必要とするため，決して見逃してはならない。成犬において，腫瘍性疾患（おもに大型犬）と免疫介在性多発性関節炎（おもに小型犬）は前肢でみられるとくに重要な疾患であり，まずはじめに鑑別すべきである。前腕・手根・肢端などの肘関節よりも遠位の部位に認められる異常は，しばしば前肢の挙上として現れるため，姿勢と歩様の観察が重要である。また，注意深い触診によって腫脹・関節液増量所見・疼痛・不安定性を触知し，それに基づいて単純X線検査を行う部位を決定する。

第2章 前肢の跛行診断

前腕骨折（若齢犬）

　若齢犬における前腕骨折は，通常，身体検査と2方向の単純X線検査によって確定診断することができる。

1. 橈尺骨遠位骨幹部骨折
　橈尺骨骨折は，小型犬の前肢跛行の原因として上腕骨顆骨折と並んで最も一般的であり，飼い主の腕やベッドなどの比較的低い高さからの落下により発症し，前肢の完全挙上を呈する。遠位骨幹部における斜骨折（図2-119，図2-120）が最も多い。また，両側性に起こることがある。

2. 橈尺骨遠位成長板骨折
　橈尺骨遠位成長板骨折は，成長板に沿って分離するタイプの骨折（図2-121，図2-122）で，前述の遠位骨幹部における橈尺骨骨折に比べると発症頻度は低い。橈尺骨遠位骨幹部骨折と似たような病歴と臨床症状を呈する。

前腕骨折（若齢犬）

▼橈尺骨遠位骨幹部斜骨折　　　　　　　　　　　▼橈尺骨遠位成長板骨折

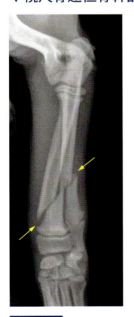

図2-119
単純X線検査所見
（左前肢，頭尾側像）

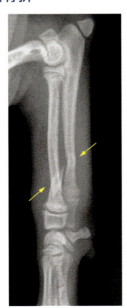

図2-120
単純X線検査所見
（左前肢，側面像）

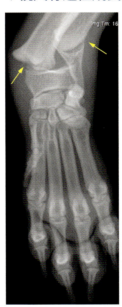

図2-121
単純X線検査所見
（左前肢，頭尾側像）

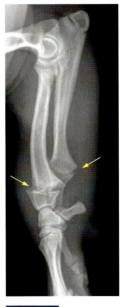

図2-122
単純X線検査所見
（左前肢，側面像）

　症例は小型犬雑種（4カ月齢，雌）で，飼い主の腕から飛び降りた直後に非負重性の跛行を示した。骨折部を矢印で示す。

　症例は小型犬雑種（9カ月齢，雄）で，ベッドから飛び降りた直後に非負重性の跛行を示した。骨折部を矢印で示す。

前腕成長異常（若齢犬）

　若齢犬における前腕成長異常は，視診と身体検査で異常の概要がつかめるが，必ず2方向の単純X線検査を行って前腕変形の方向と程度を記録する必要がある。とくに，遠位成長板の状態と肘関節の適合性に注目し，後述する典型的なX線画像上の異常を注意深く観察する。変形の方向と程度は，3方向に分けて「外反-内反」「前屈-後屈」「回外-回内」として記述すると簡便である。

1. 前腕成長異常（外傷性成長板早期閉鎖）
　何らかの外傷により，尺骨遠位または橈骨遠位の成長板に障害が起こり，早期閉鎖することで成長異常が進行し，橈尺骨の彎曲と回転，手根関節の外反，そして肘関節の不一致を引き起こす（**図2-123**，**図2-124**）。

2. 前腕成長異常（原因不明）
　両側性に起こる前腕の成長異常で，通常，原因がわからず，遺伝性，栄養性，あるいは微小な外傷によるものと考えられている（骨端軟骨の異常が疑われている）。変形の方向や単純X線所見はさまざまで，外反（**図2-125**，**図2-126**，**図2-127**），内反（**図2-128**，**図2-129**，**図2-130**），回外（**図2-131**，**図2-132**，**図2-133**）などが認められる。

前腕成長異常（若齢犬）

▼外傷性成長板早期閉鎖

図2-123　外貌①

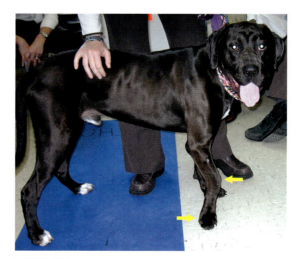

図2-124　外貌②

　症例は大型犬雑種（11カ月齢，雄）で，外傷性の尺骨遠位成長板早期閉鎖による前腕成長異常の典型的な変形（矢印）が認められる。

前腕成長異常（若齢犬）（つづき）

▼原因不明の外反変形

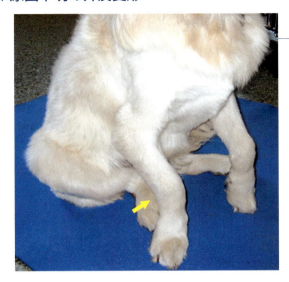

図2-125 外貌

症例はゴールデン・レトリーバー（4カ月齢，雌）で，両側性の前腕変形が認められる。手根関節における外反変形が顕著で（矢印），重度の跛行を示した。

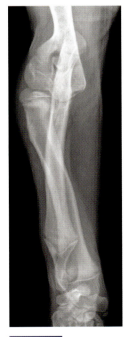

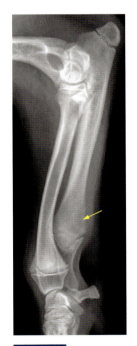

図2-126
単純X線検査所見
（右前肢，頭尾側像）
（図2-125と同一症例）

図2-127
単純X線検査所見
（右前肢，側面像）
（図2-125と同一症例）

橈骨，尺骨だけでなく肘関節の適合性，遠位上腕骨にも影響が及んでいる。尺骨の遠位成長板領域に不明瞭な所見（矢印）が認められ，変形の原因との関連が疑われるが，病因は不明である。

前腕成長異常（若齢犬）（つづき）

▼原因不明の内反変形

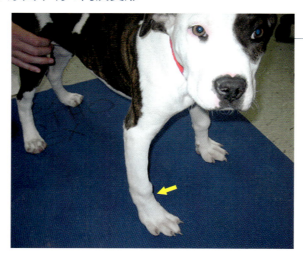

図2-128 外貌

　症例はピットブル雑種（5カ月齢，雌）で，両側性の前腕変形が認められる。手根関節における内反変形が認められ（矢印），軽度の跛行を示した。

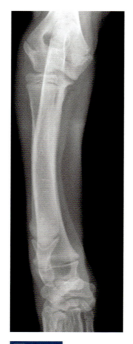

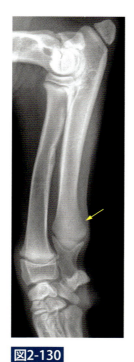

図2-129
単純X線検査所見
（右前肢，頭尾側像）
（図2-128と同一症例）

図2-130
単純X線検査所見
（右前肢，側面像）
（図2-128と同一症例）

　尺骨の遠位成長板領域（矢印）に異常が疑われるが，明瞭な単純X線画像上の異常所見は確認されず，病因は不明である。

▼原因不明の回外変形

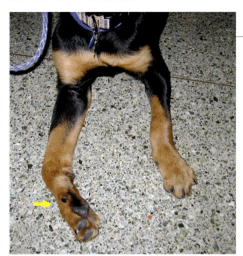

図2-131 外貌

症例はロットワイラー雑種（4カ月齢，雌）で，両側性の前腕変形が認められる。とくに右前肢に前腕の回外変形が認められ（矢印），重度の跛行を示した。

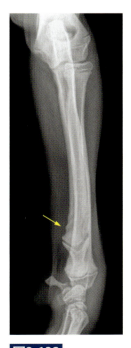

図2-132
単純X線検査所見
（右前肢，頭尾側像）
（図2-131と同一症例）

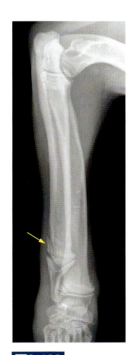

図2-133
単純X線検査所見
（右前肢，側面像）
（図2-131と同一症例）

橈尺骨の約90°の回外変形が明らかである。尺骨の遠位成長板領域に不明瞭な所見（矢印）が認められ，変形の原因との関連が疑われるが，病因は不明である。

成長板障害（若齢犬）

1. 肥大性骨異栄養症（Hypertrophic Osteodystrophy：HOD）

肥大性骨異栄養症は若齢（3～6カ月齢）の大型犬，超大型犬にみられる異常で，前腕の遠位部分の腫脹（図2-134）と疼痛が特徴的である。跛行の程度はさまざまだが，重度のものは元気消失，食欲減退，起立不能などの全身症状を示す。原因は不明だが，栄養性や感染性などの説が報告されている。単純X線画像上で特徴的な所見（橈骨，尺骨の遠位骨端にX線透過性亢進所見）が認められる（図2-135，図2-136）。

成長板障害（若齢犬）

▼肥大性骨異栄養症（HOD）

図2-134 外貌

症例はグレート・デーン（4カ月齢，雌）で，橈尺骨の遠位端の腫脹（矢印）が特徴的である。

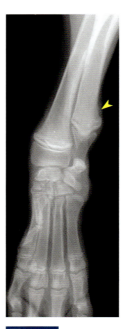

図2-135
単純X線検査所見
（左前肢，頭尾側像）
（図2-134と同一症例）

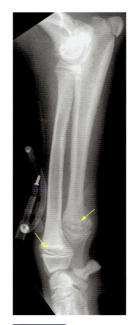

図2-136
単純X線検査所見
（右前肢，側面像）
（図2-134と同一症例）

骨膜反応が認められることがある（矢頭）。また，橈骨，尺骨の遠位骨幹端に特徴的なX線透過性の亢進領域が確認できる（矢印）。

2. 成長板の軟骨芯遺残症（残存軟骨）（Retained Cartilagenous Core：RCC）

　成長板の軟骨芯遺残症は，急激に成長中の大型犬，超大型犬に認められる異常で，尺骨の遠位成長板内の軟骨が遺残し成長に障害を及ぼし，しばしば前腕変形を引き起こす（図2-137）。
　X線画像上で特徴的な所見（残存軟骨が三角形のX線透過性領域として描出）が認められる（図2-138，図2-139）。

▼成長板の軟骨芯遺残症（残存軟骨，RCC）

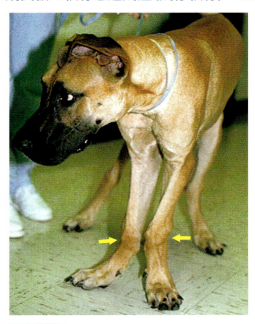

図2-137　外貌

　症例はグレート・デーン（5カ月齢，雄）で，前腕変形，とくに手根関節の外反変形（矢印）が認められる。

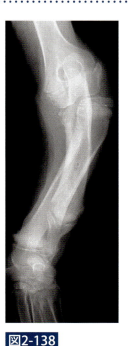

図2-138
単純X線検査所見
（左前肢，頭尾側像）
（図2-137と同一症例）

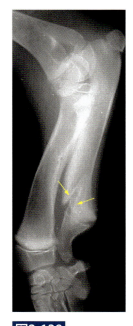

図2-139
単純X線検査所見
（左前肢，側面像）
（図2-137と同一症例）

　尺骨の遠位骨幹端に特徴的な三角形のX線透過性の領域として残存軟骨（矢印）が認められ，これが診断基準となる。橈尺骨の変形に加え，手根関節と肘関節への影響が認められる。

前腕，手根，指端部の骨折（成犬）

骨折は単純X線検査により確定診断を行う。成犬においても，若齢犬と同様に，比較的軽度な外傷による橈尺骨遠位骨幹での斜骨折（図2-140，図2-141）がよくみられる。手根部や種子骨の骨折は軽度な外傷で起こることがあり見逃しやすいので，単純X線画像を読影する際に注意を要する（図2-140，図2-141，図2-142，図2-143，図2-144，図2-145）。

前腕，手根，趾端部の骨折（成犬）

▼橈尺骨遠位骨幹部斜骨折

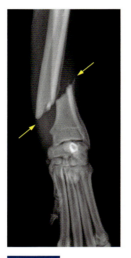

図2-140
単純X線検査所見
（右前肢，頭尾側像）

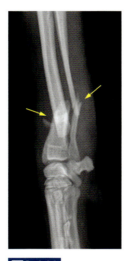

図2-141
単純X線検査所見
（右前肢，側面像）

症例はプードル（1歳6カ月齢，雄）で，他の犬と激しい遊びの後，非負重性前肢跛行を示した。橈尺骨の骨折部を矢印で示す。

▼第4，5中手骨骨折

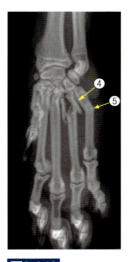

図2-142
単純X線検査所見
（右前肢，頭尾側像）

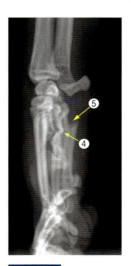

図2-143
単純X線検査所見
（右前肢，側面像）

症例は雑種犬（6歳齢，去勢雄）で，屋外での激しい運動の後，重度の負重性前肢跛行を示した。第4，5中手骨の骨折部を矢印で示す。

▼指骨骨折と第 7 種子骨骨折

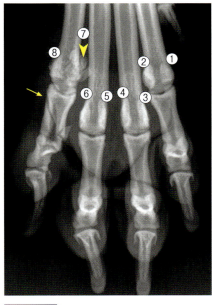

図2-144
単純 X 線検査所見（左前肢，頭尾側像）

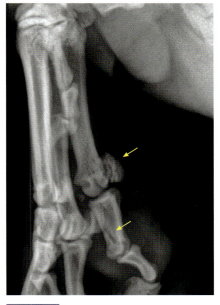

図2-145
単純 X 線検査所見（左前肢，側面像）

　症例はオーストラリアン・シェパード（4歳齢，避妊雌）で，中程度の負重性前肢跛行を示した。外傷歴は不明。指骨の骨折（矢印）と第 7 種子骨の骨折（矢頭）が認められる。種子骨骨折は第 2（②）と第 7（⑦）に起こりやすい。本症例では，第 2 種子骨は正常であった。

手根関節障害（捻挫）（成犬）

　手根関節障害（捻挫）は過剰な活動，とくに跳躍後の着地時に起こりやすい（**図2-146**）。手根関節の過伸展は活動的な大型犬でよくみられる前肢跛行の原因で，明らかな姿勢および歩様の異常（**図2-147**）と，単純X線画像上に明らかな過伸展が認められる（**図2-148**）。また，これよりは少ないが，内側または外側側副靭帯の損傷も前肢跛行の原因となり，単純X線撮影時にストレス像（片方に押して側方向への不安定性を描出する方法）で確定診断を行う（**図2-149**，**図2-150**）。

手根関節障害（捻挫）（成犬）

図2-146　犬の跳躍後着地時の様子

　とくに猟犬などにおいて，大きく跳躍した後の着地時に掌側の靭帯を傷害することが多い（円で囲んだ部分）。

▼手根関節過伸展

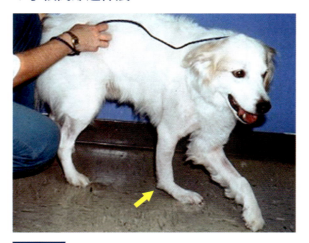

図2-147　外貌

　掌側の靭帯および線維軟骨が傷害を受けると，明らかな手根関節の過伸展と重度な前肢跛行の原因となる（矢印）。損傷した掌側の靭帯と線維軟骨は治癒能力が低いため自然に回復することはない。

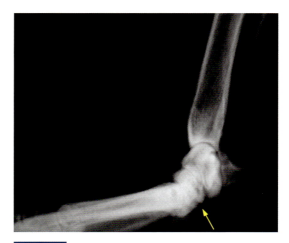

図2-148
単純X線検査所見（ストレス撮影）
（右前肢，側面像）

　加圧して（ストレスをかけて）X線撮影すると，遠位手根間関節の過伸展が明らかとなる（矢印）。

第2章　前肢の跛行診断

▼内側側副靱帯損傷

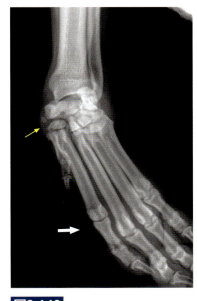

図2-149
X線検査所見（右前肢，頭尾像）
（ストレス撮影／内側から外側方向へ加圧）

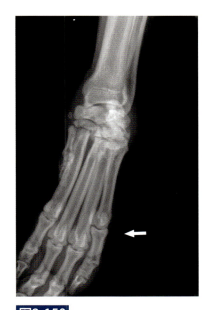

図2-150
X線検査所見（右前肢，頭尾側像）
（ストレス撮影／外側から内側方向へ加圧）

　症例はボストン・テリア（8歳齢，雄）で，内側が開くように加圧した際に明らかに不安定性が認められ（矢印），内側側副靱帯の損傷と診断された（図2-149）。これに比べて，外側側副靱帯が健常である場合，外側から加圧しても関節腔は開かない（図2-150）。
白矢印はストレスの方向。

指端の骨関節症（Osteoarthritis：OA）（成犬）

　骨関節症は，加齢や慢性の使用に伴って徐々に骨棘が形成される病態で，これは可動域の減少，疼痛，そして軽度の前肢跛行の原因となる．単純X線画像上では，骨棘の出現と骨のX線不透過性亢進所見など，増殖性変性性変化が関節周囲に認められる（図2-151，図2-152）。

肥大性骨症（Hypertrophic Osteopathy：HO）（成犬）

　肥大性骨症は，胸部や腹部に腫瘍などの腫瘤状の病変が存在する場合に何らかの機構により四肢の骨格に変化を起こす病態で，跛行と触診による疼痛が一般的に認められる．単純X線画像上の著しい骨増殖像が特徴的である（図2-153）。

指端の骨関節症（成犬）

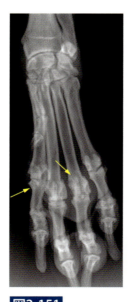

図2-151 単純X線検査所見（左前肢，頭尾側像）

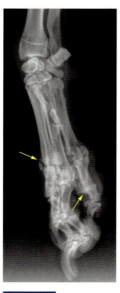

図2-152 単純X線検査所見（左前肢，側面像）

　症例はボーダー・コリー（12歳齢，去勢雄）で，慢性の骨関節症のため軽度の負重性前肢跛行を示した．複数の関節に骨棘形成が認められる（矢印）。

肥大性骨症（HO）（成犬）

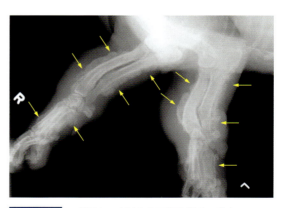

図2-153 単純X線検査所見（側面像）

　症例はバセット・ハウンド（4歳齢，避妊雌）で，前腕，手根部の著しい腫脹と疼痛を示した．胸部の腫瘍病変（肺腺癌）により続発したと考えられる著しい骨増殖像（矢印）が認められ，肥大性骨症と診断された。

鑑別すべき整形外科疾患以外の疾患（成犬）

1. 腫瘍性疾患

前腕（橈尺骨）の遠位に頻発する腫瘍性疾患を診断する際は，単純X線検査からはじめ（図2-154，図2-155，図2-156，図2-157，図2-158，図2-159），全身の詳細な検査を行う必要がある。

2. 免疫介在性多発性関節炎

免疫介在性多発性関節炎は手根関節を侵すことが多く，シグナルメント（成犬であること），臨床症状（ぎこちない，なんとなく痛そうな歩様異常），身体検査所見（多関節の腫脹と疼痛）により，強く疑うことができる。さらに単純X線検査にて，関節の腫脹や骨破壊像が確認される（図2-160，図2-161，図2-162，図2-163）。関節穿刺による関節液の細胞診などによって確定診断が下される。

鑑別すべき整形外科疾患以外の疾患（成犬）

▼腫瘍性疾患（骨肉腫）

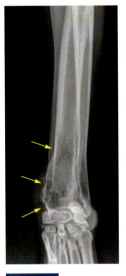

図2-154
単純X線検査所見
（左前肢，頭尾側像）

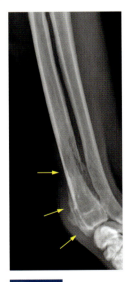

図2-155
単純X線検査所見
（左前肢，側面像）

症例はゴールデン・レトリーバー（5歳齢，去勢雄）で，橈骨遠位の骨肉腫（矢印）により，重度の負重性前肢跛行を示した。

▼腫瘍性疾患（軟部組織肉腫）

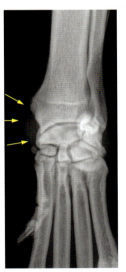

図2-156
単純X線検査所見
（左前肢，頭尾側像）

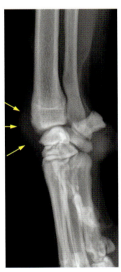

図2-157
単純X線検査所見
（左前肢，側面像）

症例はラブラドール・レトリーバー（10歳齢，去勢雄）で，前腕遠位の軟部組織肉腫（矢印）により，中程度の負重性前肢跛行を示した。

鑑別すべき整形外科疾患以外の疾患（成犬）（つづき）

▼腫瘍性疾患（良性肉芽腫）

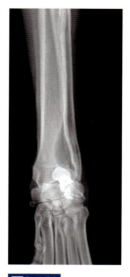

図2-158
単純X線検査所見
（左前肢，頭尾側像）

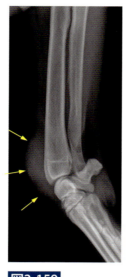

図2-159
単純X線検査所見
（左前肢，側面像）

症例はジャーマン・シェパード・ドッグ（2歳齢，去勢雄）で，前腕遠位の良性肉芽腫（矢印）により，軽度の負重性前肢跛行を示した。

▼免疫介在性多発性関節炎

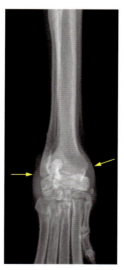

図2-160
単純X線検査所見
（左前肢，頭尾側像）

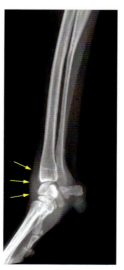

図2-161
単純X線検査所見
（左前肢，側面像）

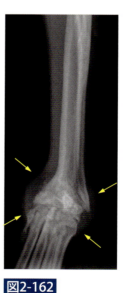

図2-162
単純X線検査所見
（左前肢，頭尾側像）

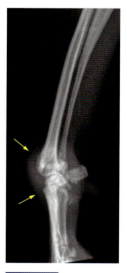

図2-163
単純X線検査所見
（左前肢，側面像）

　症例はチャイニーズ・クレステッド・ドッグ（小型犬，9歳齢，去勢雄）で，手根関節の腫脹が認められ（矢印），中程度の負重性前肢跛行を示した。関節液細胞診により，免疫介在性多発性関節炎と診断された。

　症例はミニチュア・ピンシャー（小型犬，7歳齢，去勢雄）で，手根関節の腫脹と骨の破壊像（骨びらん）が認められ（矢印），重度の手根関節不安定と重度の負重性前肢跛行を両側性に示した。関節液細胞診により，免疫介在性多発性関節炎と診断された。

第**3**章

後肢の跛行診断

　本章では，後肢跛行を呈する疾患の最終診断を目的とし，疾患別に具体的な診断検査上の注意点や注目すべき特定の所見について解説する。

股関節およびその周囲の異常に対する跛行診断
膝関節およびその周囲の異常に対する跛行診断
下腿，足根関節およびその周囲の異常に対する跛行診断

股関節およびその周囲の異常に対する跛行診断

Lameness Examination in Dogs : Hip Conditions

　後肢の整形外科疾患に起因する跛行は，前肢に比べると比較的診断しやすいが，いくつかの疾患を併発していることが少なくないため，第1章で解説したSTEPを確実に行い，異常部位をきちんとリストアップした上で診断検査に進むことが重要である。本項では後肢跛行の原因として股関節およびその周囲の異常を疑う症例に対する診断検査の手順を解説する。

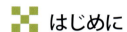

はじめに

　まず最初に，STEP1～9（シグナルメントと主訴～第三次仮診断）を経て，股関節およびその周囲の異常をリストアップする。鑑別診断リストとして，先天性／成長性疾患である大腿骨頭壊死症（小型犬）や股関節形成不全（中大型犬），変性性疾患である骨関節症（通常は股関節形成不全に続発する）や筋腱炎（腸腰筋，恥骨筋），外傷性疾患である股関節脱臼や寛骨臼骨折が挙げられる。また，整形外科学的異常のほかに，神経性疾患である腰仙関節症（馬尾症候群）や腫瘍性疾患（骨肉腫）などが挙げられる。これらは通常，患者のシグナルメント（犬種，サイズ，年齢），病歴，身体検査によって，ある程度鑑別することができる。

　続いて，STEP10（診断計画，診断検査）を進めていくが，この際にとくに重要なことは，整形外科学的な診断検査を開始する前に，股関節痛の原因となり得る内科疾患（骨髄炎，免疫介在性多発性関節炎など），神経性疾患（とくに腰仙関節症，椎間板ヘルニアなど），腫瘍性疾患（骨肉腫など）を鑑別除外することである。これらの疾患が疑わしい場合は，血液検査をはじめ，それらの診断検査を優先して行うことが大切である。

　股関節およびその周囲の異常に対する診断検査のポイントは，次ページに示す4点に要約される。これらのポイントによって，X線検査を行う前に仮診断を下すことが可能な場合が多い。身体検査において，大腿周囲の筋萎縮や股関節伸展時の疼痛と伸展域の減少は股関節およびその周囲の異常に共通した所見であるため，臨床的有用性が高い。

　最近では，特殊撮影X線検査や，関節鏡検査・CT検査・MRI検査などの特殊検査が診断に利用され，股関節およびその周囲の異常についてのより詳細な情報が得られるようになってきている。

第3章　後肢の跛行診断

診断検査のポイント

- **歩様観察**
  特徴的な歩様異常あるいは跛行

- **大腿周囲の筋量の評価**
  患肢における筋萎縮

- **股関節可動域の評価**
  伸展時の疼痛と伸展域の減少

- **その他の後肢疾患の除外**
  膝関節や足根関節の腫脹，骨の圧痛の有無を確認

大腿骨頭壊死症（Legg-Calvé-Perthes Disiease: LCPD）

　大腿骨頭壊死症は成長期の小型犬に多く認められる疾患で，虚血性／非感染性壊死症とも呼ばれる。原因ははっきりわかっていない。通常は片側性に発症する。非負重性または負重性の重度な跛行を示し，股関節伸展時の重度な疼痛と大腿周囲の著しい筋萎縮が特徴的である。単純X線検査で大腿骨頭の変形が認められることがあるが，必ずしも明瞭ではない（図3-1，図3-2）。ほとんどの症例において，外科的治療（大腿骨頭骨頸切除術）が必要となる。したがって，早期治療（手術）を実施するためには，シグナルメント（若齢の小型犬であること），臨床症状（重度の跛行），身体検査所見（大腿筋の萎縮と股関節伸展時の疼痛）をもとに，早期に確定診断を下すことが重要である。

大腿骨頭壊死症

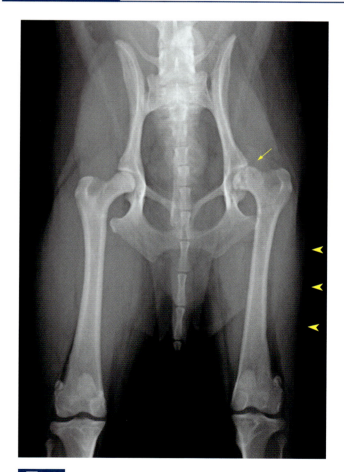
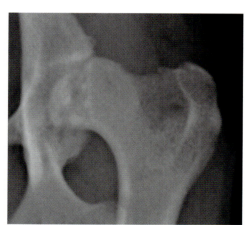
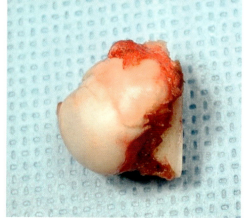

図3-1
典型的な大腿骨頭壊死症の単純X線検査所見（腹背像）と切除した大腿骨頭

　症例はトイ・プードル（11カ月齢，雄）で，左大腿骨頭と寛骨臼の著しい変形（矢印）と、重度の筋萎縮（矢頭）が認められる。大腿骨頭骨頸切除術により切除した大腿骨頭は異常な形態を示す。

第3章　後肢の跛行診断

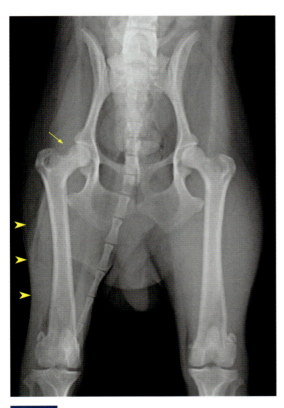
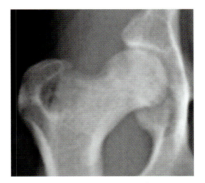
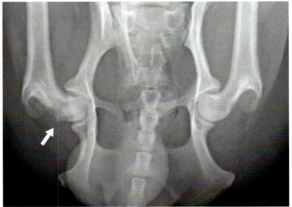

図3-2
骨頭の変形の少ない大腿骨頭壊死症の単純 X 線検査所見（腹背像）

　症例はトイ・プードル（10カ月齢，雄）で，腹背像では右大腿骨頭の変形はほとんど認められないが（黄矢印）、著しい筋萎縮がみられる（矢頭）。屈曲位で撮影された腹背像では大腿骨頭尾背側部に骨頭の変形が認められる（白矢印）。

117

股関節形成不全 (Hip Dysplasia：HD)

　股関節形成不全は成長期の大型犬に多く認められる疾患で，さまざまな要因によって引き起こされると考えられているが，遺伝的素因が大きい。通常は両側性に発症し，成長時に起立困難や運動不耐性などの臨床症状を示す。歩幅を制限した腰を振る特徴的な歩様を示し，尾がより重度な患肢の方向を指すことがある（図3-3）。走行時には両後肢をそろえて跳躍する"バニー・ホップ"が認められる。重度な症例では，歩行時に股関節が亜脱臼する様子が観察され，後駆が非常に不安定である。大腿周囲の筋量，とくに大腿二頭筋の萎縮が特徴的で，臨床症状が重度になるにつれ，筋萎縮がより重度に認められる。股関節伸展時の疼痛が特徴的で最も重要な身体検査所見である。股関節の弛緩の程度や不安定性を評価するために，オルトラニテストなどが利用可能である。X線検査所見は多様で，必ずしも臨床所見とは一致しないが，一般的に股関節の亜脱臼と大腿骨頭および寛骨臼の変形が認められる（図3-4，図3-5，図3-6）。

　また，しばしばOFA像という特殊撮影X線検査を診断に用いるが，残念ながら，その所見は必ずしも臨床所見とは一致せず，治療指針の決定には利用できない。そのため，これまでさまざまな特殊撮影X線検査が試みられてきたが，股関節形成不全の評価と治療方針の決定において上記の臨床所見に勝るものは考案されていないのが現状である。ここで紹介する特殊撮影X線検査はあくまでも診断を補助するものであり，画像上に股関節形成不全の所見が現れたとしても，必ずしも臨床症状が股関節形成不全によるものとは限らないことを忘れてはならない。股関節形成不全を診断・評価して治療指針を決定するためには臨床所見が重要で，これに画像所見を組み合わせて総合的に判断しなければならない。

股関節形成不全

▼典型的な歩様異常

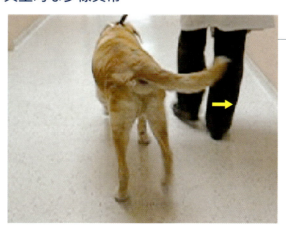

図3-3 外貌

　歩幅を制限した腰を振る特徴的な歩様で，尾がより重度な（痛い）患肢（本症例の場合は右後肢）の方向（矢印）を指す。

第3章　後肢の跛行診断

股関節形成不全（つづき）

▼単純X線検査

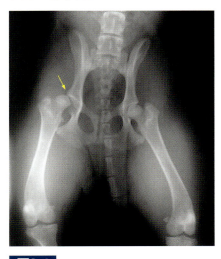

図3-4
単純X線検査所見（腹背像）①

　症例はピットブル（7カ月齢，避妊雌）で，右側股関節の亜脱臼（矢印）が認められる。

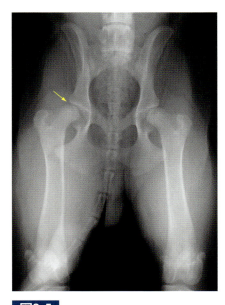

図3-5
単純X線検査所見（腹背像）②

　症例はニューファンドランド（6カ月齢，去勢雄）で，右側股関節の亜脱臼（矢印）が認められるが，跛行などの臨床症状は左後肢のほうが重度であった。

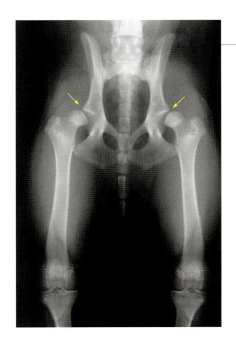

図3-6　単純X線検査所見（腹背像）③

　症例はゴールデン・レトリーバー（6カ月齢，去勢雄）で，両側性の重度な亜脱臼（矢印）と大腿骨頭の変形が認められる。

119

①特殊撮影X線検査（股関節標準伸展位腹背像［OFA像］）

　アメリカの非営利団体である動物のための整形外科基金（Orthopedic Foundation for Animals: OFA）では，股関節形成不全の診断や発症頻度のデータ収集を行っており，その重症度判定には単純X線股関節標準伸展位腹背像（OFA像）が用いられている。OFA像は，両側の膝蓋骨が大腿骨長軸中心上に位置するように後肢を内旋・伸展し，股関節を伸展させた状態で撮影する（図3-7）。OFA像を用いて大腿骨頸の角度（ノルベルグアングル）やカバー比（寛骨臼／大腿骨頭面積比）を計算して股関節の適合性や亜脱臼の度合いを評価することができる（図3-8，図3-9）。しかしながら体位（角度）によって股関節の適合性や大腿骨頸のみえ方が異なるため，評価の再現性が低く，臨床症状との相関も低い。これは，OFA像が股関節周囲の骨構造を静的に二次元的に可視化するのみで，痛みの原因と思われる動的な関節不安定性が評価できないためと考えられる。したがって，本法は股関節形成不全のスクリーニングに利用するべきである。X線検査で重度の股関節形成不全が認められたとしても，疼痛や跛行などの臨床症状がなければ外科的な治療は必要ない。しかし，本疾患は遺伝性疾患であるため，無症状でも重度であると判断された場合は繁殖に用いるべきではないことを同時に飼い主に説明すべきである。

②特殊撮影X線検査（寛骨臼背側縁像［DAR像］）

　DAR像は，寛骨臼の背側部分の角度を評価し，CTやMRI検査で得られるような寛骨臼と大腿骨頭の位置関係を描写する像を単純X線検査で得ようとする試みで，患者の股関節が屈曲した位置にX線を照射する方法（図3-10）が報告されている。寛骨臼と大腿骨頭の関係がOFA像に比べると確認しやすく，立位により近い状態と考えられる（図3-11）。DAR像において，寛骨臼の背側部分に接線を引き，正中に対して垂直な線との角度が7.5°よりも大きい場合に異常とされている（図3-12）。しかしながら，撮影と読影が難しく評価法も定まっていないため実用的でない。

③特殊撮影X線検査：PennHIP®

　PennHIP®は股関節の緩みを定量化する試みで，麻酔下にある患者の大腿を特殊な器械を用いて，まず大腿骨頭を寛骨臼に対して最大限に押し込み（Compression：図3-13），次に大腿骨頭を寛骨臼から最大限に引き離して（Distraction：図3-14）撮影する。これらの2つの操作によって得られた画像をもとに計測を行い（図3-15，図3-16），寛骨臼と大腿骨頭の中心間の距離（d）を大腿骨頭の半径（r）で割ることによって緩みの指数（DI=d/r）を決定する。一般的に，この指数が0.3以下が正常とされる。犬種別に異常値が設定されてはいるが，これは単に将来的にX線画像上に認められる骨関節症の出現を予想するに過ぎず，臨床的な意義については賛否両論である。本法は，繁殖のためのスクリーニングに使われることが多い。

④その他の特殊検査（CT検査，MRI検査，関節鏡検査）

　CT検査（図3-17）やMRI検査は，股関節の位置関係や周囲組織の描出には優れるが，費用，麻酔の必要性から現実的に利用可能な選択肢ではない。また，X線画像上ではまったく正常にみえる股関節でも，関節鏡検査（図3-18）の結果，すでに軟骨に傷害が起きていることが確認されている。しかし，関節鏡検査は費用，麻酔の必要性，侵襲性，技術的に難しいことから現実的な診断法ではない。

第3章　後肢の跛行診断

股関節形成不全（つづき）

▼特殊撮影X線検査（OFA像）

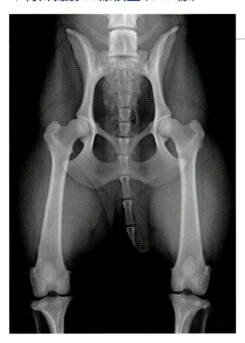

図3-7　OFA像の撮影法

　正確な評価には正確なポジションで撮影されたX線写真が必須である。股関節の伸展により痛みを生じることが多いため，鎮静下で撮影することが望ましい。以下に撮影ポジションのチェックポイントを示す。

チェックポイント
1. 背中をテーブルにつける
2. 第7腰椎と膝関節を含む
3. 閉鎖孔、骨盤が左右対称
4. 両側の大腿骨が互いに平行
5. 膝蓋骨が大腿骨の中心
6. 棘突起が第7腰椎の中心

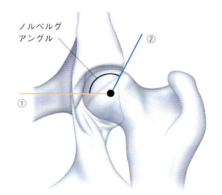

図3-8
OFA像の評価法：ノルベルグアングル

　両側の大腿骨頭の中心を結ぶ線（①）と，大腿骨頭の中心から寛骨臼頭側縁へ伸ばした線（②）を引き，これらがなす角度をノルベルグアングルという。105°≧で正常。

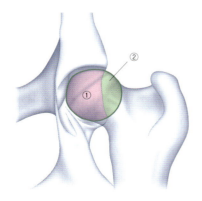

図3-9
OFA像の評価法：寛骨臼／大腿骨頭面積比

　寛骨臼／大腿骨頭面積比は，大腿骨頭を大腿骨頭の円弧に最も一致したひとつの円と考え，「寛骨臼にカバーされている大腿骨頭面積（①）÷大腿骨頭総面積（②）×100」によって求められる。50%≧で正常。

股関節形成不全（つづき）

▼特殊撮影X線検査（寛骨臼背側縁像[DAR像]）

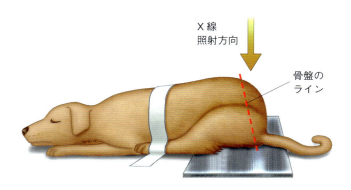

図3-10 DAR像の撮影法

　後肢を前方に牽引して膝関節を伸展させ，骨盤がテーブルに対して垂直に近くなるように保定する。患者の股関節が屈曲した位置にX線を照射して撮影する。

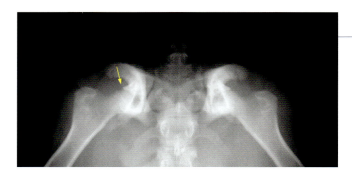

図3-11 股関節のX線検査所見（DAR像）

　寛骨臼と大腿骨頭の関係（矢印）がOFA像に比べると確認しやすく，立位により近い状態と考えられる。

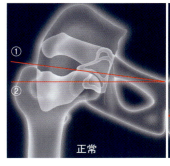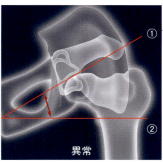

図3-12 DAR像の評価法

　寛骨臼の背側部分に接線（①）を引き，正中に対して垂直な線（②）との角度（矢印）が7.5°よりも大きい場合（右図）に異常とされる。

第3章　後肢の跛行診断

▼特殊撮影Ｘ線検査（PennHIP®）

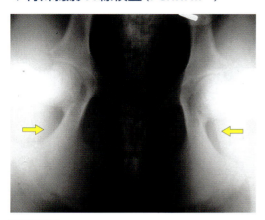

図3-13
PennHIP®の撮影法（Compression）

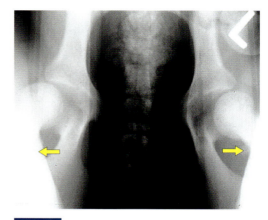

図3-14
PennHIP®の撮影法（Distraction）

　大腿骨頭を寛骨臼に対して最大限に押し込み（Compression：図3-13），次に大腿骨頭を寛骨臼から最大限に引き離す（Distraction：図3-14）。矢印は力を加える方向を示す。

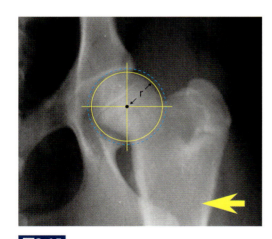

図3-15
PennHIP®の評価法（Compression）

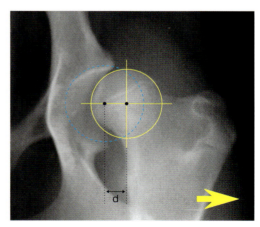

図3-16
PennHIP®の評価法（Distraction）

　寛骨臼と大腿骨頭に円を描き，それらの2つの像の中心間の距離（d）を大腿骨頭の半径（r）で割ることによって緩みの指数（DI＝d／r）を決定する。矢印は力を加える方向を示す。

股関節形成不全（つづき）

▼その他の特殊検査

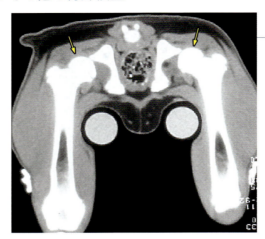

図3-17 CT検査所見

股関節の亜脱臼（大腿骨頭の背側への亜脱臼：矢印）が明らかに認められる。

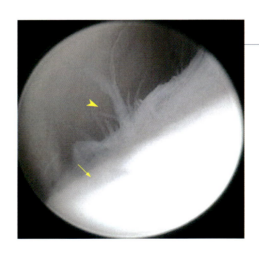

図3-18 関節鏡検査所見

大腿骨頭の関節軟骨の欠損（矢印）や，細線維化（矢頭）が認められる。単純X線検査所見は正常であった。

第3章　後肢の跛行診断

  股関節骨関節症（Osteoarthritis：OA）

　股関節骨関節症は，通常，股関節形成不全に続発する進行性・変性性疾患である。股関節形成不全と同様に，歩幅を制限した腰を振る歩様異常，大腿周囲筋の萎縮，股関節伸展時の疼痛，起立困難，運動不耐性などが特徴的な臨床所見である。X線画像上において股関節周囲の骨棘形成や大腿骨頭の変形として確認される（図3-19）。

股関節骨関節症

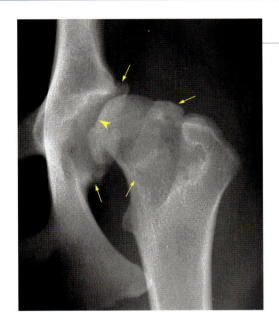

図3-19　骨関節症の典型的な単純X線検査所見
　股関節周囲の骨棘形成（矢印）や大腿骨頭の変形（矢頭）が認められる。

鑑別すべき整形外科疾患以外の疾患

1. 腫瘍性疾患

　股関節周囲の腫瘍性疾患を診断する際は，単純X線検査を行って積極的に微細な異常所見を探し，これらを見逃さないようにすることが重要である（図3-20，図3-21）。

鑑別すべき整形外科疾患以外の疾患（腫瘍性疾患）

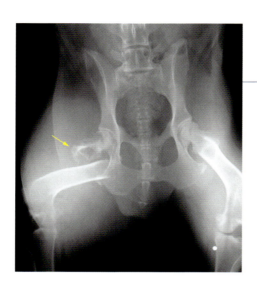

図3-20
大腿骨近位の腫瘍と病的骨折の単純X線検査所見（腹背像）

　症例はロットワイラー（9歳齢，避妊雌）。股関節周囲の腫瘍は整形外科疾患と誤診しないように注意する必要がある。病的骨折部を矢印で示す。

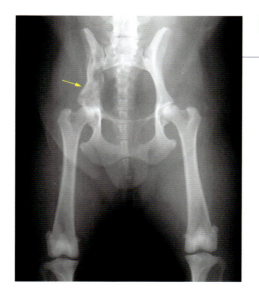

図3-21
腸骨の腫瘍の単純X線検査所見（腹背像）

　症例はミニチュア・シュナウザー（9歳齢，避妊雌）。股関節周囲の腫瘍は整形外科疾患と誤診しないように注意する必要がある。腫瘍を矢印で示す。

2. 腰仙関節症（Lumbosacral Disease：LSdまたは馬尾症候群）

　腰仙関節症とは，腰仙椎関節付近における脊髄，神経根（馬尾）の圧迫によって起こるさまざまな神経症状を伴う症候群のことで，先天性にも発症するが大多数は後天性に起こる。後天性の圧迫の要因として，腰仙椎脊柱管狭窄，椎間板疾患，内側弓状靭帯過形成，椎弓あるいは関節突起の肥厚，腰仙関節の不安定などが挙げられる。股関節症と腰仙関節症はいずれも大型の成犬に発症し，シグナルメントと臨床症状が非常に類似しているため混同しないよう注意が必要である。腰仙関節症のおもな臨床症状は，起立困難（**図3-22**），腰仙部の疼痛，後肢歩様異常，後肢跛行，虚弱，筋萎縮である。股関節症と同様，腰仙関節症に起因する間欠性の腰部あるいは後肢の疼痛は，運動後に症状が悪化する傾向がある。固有位置感覚（CP）は多くの場合で低下し，重症例では尿失禁，排便失調，尾麻痺などの症状も認められる。

　一般的に，股関節の疾患と腰仙関節症の双方が疑われる場合には，整形外科疾患である股関節の異常（HDやOAなど）に対する処置は急を要することはまずないため，神経性疾患である腰仙関節症の診断（通常はMRI検査）と治療を優先して行う。

①身体検査

　腰仙関節症の患者では，尾の操作（上方への挙上），腰仙椎関節圧迫検査（**図3-23**，**図3-24**），脊椎腹彎試験（Lordosis test：**図3-25**），経直腸からの直接の圧迫試験により，腰仙椎関節腹側部の疼痛を誘発できることが多い。腰仙椎関節圧迫検査は，とくに横臥位で行うことが推奨される（股関節疾患に起因する疼痛が誘発されないため）。この検査は立位でも実施可能だが，立位では股関節関連に問題がある場合にも疼痛反応を示すため，原因疾患の鑑別が困難な場合がある。固有位置感覚（CP）は多くの場合で低下し，尾を振らずに垂れ下がるなどの尾麻痺の症状も認められることがある。これらの身体検査所見により腰仙関節症が疑われた場合には，さらなる診断検査を行う必要がある。

鑑別すべき整形外科疾患以外の疾患（腰仙関節症／馬尾症候群）

▼典型的な姿勢

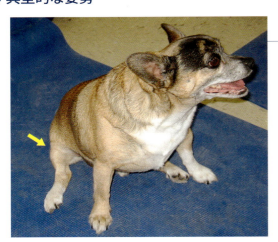

図3-22 外貌

　後躯麻痺（矢印）や明らかな運動失調などが認められ，神経性疾患が疑われる場合には，たとえ股関節に異常があったとしても神経学的検査を優先して行う。

鑑別すべき整形外科疾患以外の疾患（腰仙関節症／馬尾症候群）(つづき)

▼ 身体検査

図3-23 腰仙椎関節圧迫検査（立位）

　立位において，腰仙部を背側から強く押し，疼痛反応の有無を確認する。矢印は加圧の方向を示す。ただし，立位時の検査では股関節関連の疼痛にも反応があるため，同検査を必ず横臥位（図3-24参照）でも繰り返す。その他，立位では，尾の操作，とくに上方への挙上の検査も同時に行い，これにも疼痛反応があるかどうか確認する。また，固有位置感覚（CP）も必ず検査する。

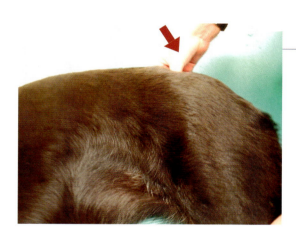

図3-24 腰仙椎関節圧迫検査（横臥位）

　横臥位において，腰仙椎関節部を背側から強く押し，疼痛反応の有無を確認する。矢印は加圧の方向を示す。その他，横臥位では，同時に脊髄反射と痛覚検査も行う。

図3-25 脊椎腹彎試験（Lordosis test）

　患者の後躯を支持し，腰仙椎関節部を中心に脊椎を背側伸展させ，疼痛反応の有無を確認する。矢印は加圧の方向を示す。

②単純X線検査

　2方向の単純X線検査を実施して，腰仙椎関節部の骨構造の変化（骨棘や骨増殖像：spondylosis）が認められた場合には，腰仙椎関節の何らかの異常が疑われる（図3-26，図3-27）。しかしながら，これらの変化は腰仙関節症に特異的なものではなく，他の要因によってもしばしば認められるため確定診断には使用できない。

鑑別すべき整形外科疾患以外の疾患（腰仙関節症／馬尾症候群）（つづき）

▼単純X線検査

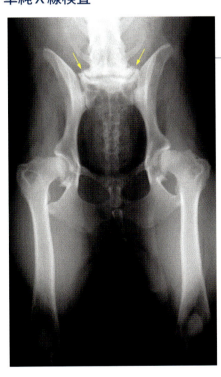

図3-26 腰仙椎関節部の単純X線検査所見（腹背像）

　腰仙椎関節部に骨棘の形成（矢印）が認められ，何らかの異常が疑われるが，腰仙関節症の確定診断には使用できない。股関節にも骨関節症の所見が認められることにも注目。

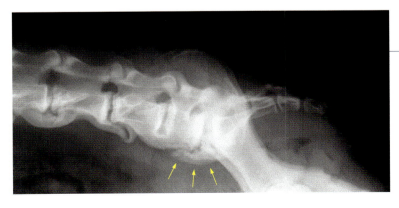

図3-27 腰仙椎関節部の単純X線検査所見（側面像）

　腰仙椎関節部に骨増殖像（矢印）が認められ，何らかの異常が疑われるが，腰仙関節症の確定診断には使用できない。

③X線造影検査

脊髄造影（Myelography）下の腰仙椎関節伸展時・屈曲時・牽引時のX線撮影が腰仙関節症の診断に用いられることがある。しかし、脊髄造影では造影剤が腰仙椎関節にまで届かないことがほとんどで診断的価値が低い（図3-28）。そのため、腰仙椎椎間板造影（Discography）や硬膜外造影（Epidurography）を単独または同時に実施して診断が行われることがある（図3-29, 図3-30, 図3-31, 図3-32）。しかしながら、これらの造影検査を行っても確定診断や治療指針の決定が困難なことが多いことから、現在ではMRI検査を行うことが推奨されている。

鑑別すべき整形外科疾患以外の疾患（腰仙関節症／馬尾症候群）（つづき）

▼脊髄造影検査

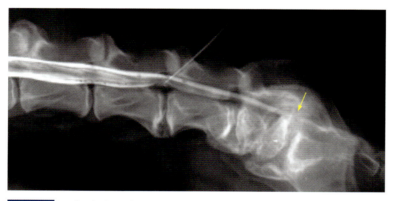

図3-28 脊髄造影検査所見

腰仙椎関節部（矢印）の画像の強調には成功していないため、診断的価値が低い。

▼腰仙椎椎間板造影検査

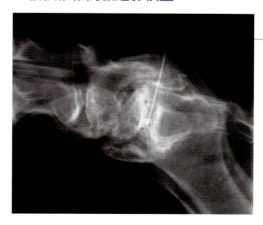

図3-29 腰仙椎椎間板造影検査所見

腰仙椎関節部の椎間板領域がある程度強調され、椎間板による馬尾への圧迫が示唆されるが、あまり明瞭ではない。

第3章　後肢の跛行診断

▼硬膜外造影および腰仙椎椎間板造影検査

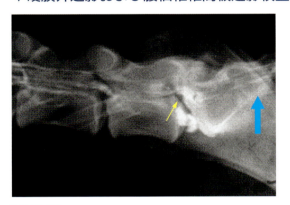

図3-30　伸展時

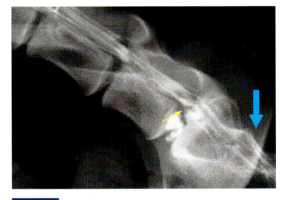

図3-31　屈曲時

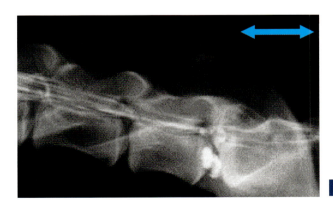

図3-32　牽引時

　硬膜外造影および腰仙椎椎間板造影の2つを組み合わせて実施した際の腰仙椎関節伸展時（図3-30），屈曲時（図3-31），牽引時（図3-32）の画像で，青矢印は加圧の方向を示す。伸展時と屈曲時に椎間板による馬尾への圧迫（黄矢印）が認められる。

④その他の特殊検査（CT検査，MRI検査）

現在，CT検査（**図3-33**）やMRI検査（**図3-34**）などの高度画像診断技術を利用して腰仙関節症を確定診断することが一般的となっている。とくにMRI検査では，椎間板・馬尾・神経根・周囲関節の軟部組織などの状態を多面的に評価できるため，厳密な病変部位の特定と圧迫の程度および範囲の評価が可能となり，治療指針の決定に有用である。

鑑別すべき整形外科疾患以外の疾患（腰仙関節症／馬尾症候群）（つづき）

▼その他の特殊検査

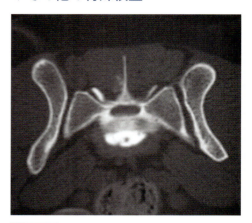
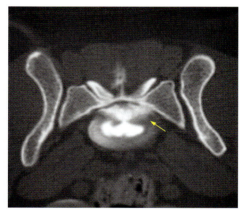

図3-33 腰仙椎関節部のCT検査所見（横断面像，連続スライス）

腰仙椎関節部の椎間板突出（矢印）が認められる。

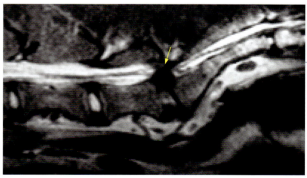
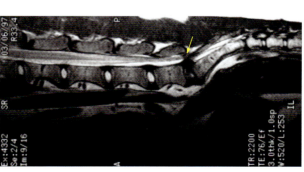

図3-34
腰仙椎関節部のMRI検査所見
（矢状断面像，連続スライス）

腰仙椎関節部での椎間板による馬尾への圧迫（矢印）が明らかに認められる。腰仙関節症の確定診断にはMRI検査が最も優れており，現在では標準的な診断検査と考えられる。

膝関節およびその周囲の異常に対する跛行診断

Lameness Examination in Dogs : Stifle Conditions

　膝関節およびその周囲の異常は，最も遭遇することが多く，とくに関節外科疾患，腫瘍性疾患，内科疾患など原因となり得る疾患が非常に多い。そのため，体系的な診断検査手技を身につけ，確実に診断していく必要がある。本項では後肢跛行の原因として膝関節およびその周囲の異常を疑う症例に対する診断検査の手順を解説する。

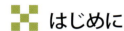 ## はじめに

　まず最初に，STEP1〜9（シグナルメントと主訴〜第三次仮診断）を経て，膝関節およびその周囲の異常をリストアップする。膝関節およびその周囲の整形外科学的異常として，先天性／成長性疾患である膝蓋骨脱臼（小〜大型犬），汎骨炎（大型犬），膝関節離断性骨軟骨症（OCD）（大型犬），変性性疾患である前十字靱帯疾患，外傷性疾患である成長板骨折や靱帯損傷（側副靱帯や膝蓋靱帯などの損傷），長趾伸筋腱の異常，腓腹筋種子骨の異常などが挙げられる。また，整形外科学的異常のほかに，炎症性疾患である免疫介在性多発性関節炎（Immune Mediated Poly-Arthropathy：IMPA）（成犬），感染性疾患である化膿性（細菌性）関節炎，腫瘍性疾患である骨肉腫（大型犬）や滑膜肉腫などが挙げられる。これらは通常，患者のシグナルメント（犬種，サイズ，年齢），病歴，簡単な身体検査，単純X線検査によって，ある程度鑑別することができる。

　続いて，STEP10（診断計画，診断検査）を進めていくが，この際にとくに重要なことは，整形外科的な診断検査を開始する前に，膝関節痛の原因となり得る内科疾患（IMPAなど），神経性疾患，腫瘍性疾患を鑑別除外することである。これらの疾患が疑わしい場合は，血液検査をはじめ，それらの診断検査を優先して行うことが大切である。

　若齢犬にみられる膝関節およびその周囲の異常を診断する際には，膝関節疾患（膝蓋骨脱臼，膝関節OCD，前十字靱帯疾患）とそれ以外の異常（汎骨炎，成長板骨折）を鑑別し，成犬の場合は，膝関節疾患（前十字靱帯疾患，半月板損傷など）と腫瘍性疾患および内科疾患（IMPA，化膿性〈細菌性〉関節炎，真菌性骨髄炎）を鑑別することが，まず最初に行うべき重要なステップである。

診断検査のポイント

- ■ **歩様観察**
  特徴的な歩様異常あるいは跛行

- ■ **大腿周囲の筋量の評価**
  患肢における筋萎縮

- ■ **膝関節の触診**
  腫脹や疼痛の検査

- ■ **膝関節可動域の評価**
  伸展時の疼痛と屈曲域の減少

- ■ **膝関節の力学的評価**
  膝蓋骨および膝関節頭尾側方向の安定性

- ■ **単純X線検査（最低2方向）**
  それぞれの異常に特徴的な変化の精査

- ■ **その他の後肢跛行の原因疾患の除外**
  股関節の疼痛，足根関節の腫脹，そして骨，とくに大腿骨遠位部と脛骨近位部の圧痛および腫脹の有無

1．身体検査（視診）

　歩様により，歩様異常のタイプを的確に見極めることが非常に重要な鑑別診断の第一歩である。これは，膝関節周囲の異常は，その原因疾患それぞれに典型的な歩様異常を示すことが多いためである。視診により疑われる疾患の鑑別ポイントを以下に示す。

視診により疑われる疾患の鑑別ポイント

- ■ 軽度の膝蓋骨脱臼では間欠的な跛行（ときどき患肢を挙上，通常は正常に歩行）を示し，重度の膝蓋骨脱臼では"がに"股で腰を落としたヨチヨチ歩きを示すことが多い。

- ■ 腫瘍性疾患・化膿性（細菌性）関節炎・外傷性疾患では，非負重性の非常に重度な跛行を示す。

- ■ 前十字靭帯疾患やOCDでは，さまざまな程度の負重性跛行を示す。

第3章　後肢の跛行診断

2. 身体検査（触診）

　脊椎や後肢全体を注意深く系統的に触診することにより，跛行の原因となる疾患が膝関節周囲に存在することを疑うことができる。とくに，触診によって腰仙椎関節の圧痛，股関節伸展時の疼痛，足根関節の腫脹，長骨の圧痛などの有無を確認し，他の後肢跛行の一般的な原因を除外することが重要なステップである。触診により疑われる疾患の鑑別ポイントを以下に示す。

触診により疑われる疾患の鑑別ポイント

- 膝関節に異常が存在すると，患者は伸展時の疼痛と屈曲域の減少を示すことが多い。

- 大腿周囲の筋量の評価は，左右のどちらが患肢であるのかを判別する際に有用である（患肢の筋量が低下するため）。

- 膝関節の触診時に激痛が誘発された場合には，腫瘍性疾患や化膿性（細菌性）関節炎を疑う。

- 関節液の増量所見や膝関節内側の腫脹（medial buttress sign）が触知された場合には，前十字靭帯疾患を疑う。

- 動的な触診を行うことによって，膝蓋骨の不安定性（脱臼）や膝関節頭尾側方向の不安定性（前十字靭帯疾患）を検出できることがある。

3. 単純X線検査

　最低2方向（頭尾側または尾頭側像，側面像）の単純X線検査を行い，いくつかの特徴的な異常所見がないかどうかを確認することが診断検査に重要である。成犬では腫瘍性疾患に関連すると思われる変化を決して見逃さないようにしなければならない。単純X線画像読影時のポイントを以下に示す。

単純X線画像読影時のポイント

- 軽度の膝蓋骨脱臼では単純X線画像上に明らかな変化は認められないが，重度の膝蓋骨脱臼では転位した膝蓋骨に加えて，大腿骨・脛骨の骨格変形が認められることがある。

- OCDや汎骨炎では，X線画像上で確定診断につながる特徴的な変化を確認できることが多い。

- 前十字靭帯疾患では，たとえ身体検査で膝関節の不安定性を触知できなかったとしても，X線画像上で関節液の増量所見が確認できれば診断につながることが多い。

- 骨肉腫や滑膜肉腫では，X線画像上，さまざまな程度で骨増生像や骨吸収像が認められる。

汎骨炎

　汎骨炎は，とくに成長期の大型犬にみられる疾患で，身体検査（触診）と単純X線検査により診断する．触診では，長骨に圧痛が認められる．単純X線検査では，骨髄領域に斑状の不整なX線不透過性の亢進（白化）が認められる（**図3-35**，**図3-36**）．特別な治療を必要とせず，予後も良好である．膝関節周囲（大腿骨遠位と脛骨近位）の汎骨炎は，膝関節疾患と誤診しないよう注意する必要がある．

汎骨炎

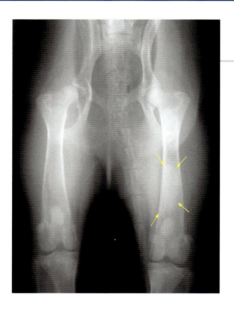

図3-35
汎骨炎（大腿骨遠位）の単純X線検査所見（頭尾側像）

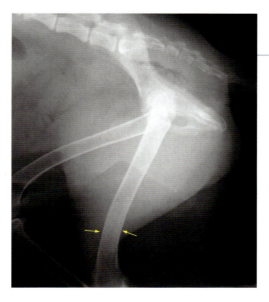

図3-36
汎骨炎（大腿骨遠位）の単純X線検査所見（側面像）

　症例はジャーマン・シェパード（9カ月齢，避妊雌）で，大腿骨遠位に斑状の不整なX線不透過性の亢進所見（矢印）が認められる．

成長板骨折

　成長板骨折は，身体検査（触診）と単純X線検査により診断する。触診では，著しい腫脹，軋櫟音（骨同士が当たる音），疼痛が認められる。単純X線検査では，大腿骨遠位，脛骨粗面，脛骨近位の成長板領域における骨折と，それに伴う骨折端の変位を容易に確認できる（**図3-37，図3-38，図3-39，図3-40，図3-41**）。小型の若齢犬では，大きな外傷歴がない場合でも骨折が起こり得る。若齢犬では膝関節周囲の成長板骨折が起こりやすいため，膝関節疾患と誤診しないよう注意する。

成長板骨折

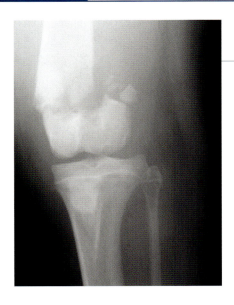

図3-37
成長板骨折（大腿骨遠位）の単純X線検査所見（頭尾側像）

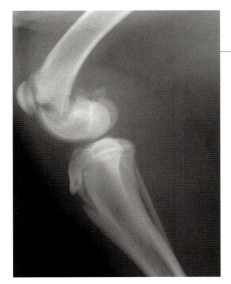

図3-38
成長板骨折（大腿骨遠位）の単純X線検査所見（側面像）

　症例はラブラドール・レトリーバー（8カ月齢，去勢雄）で，大腿骨遠位の成長板骨折と，それに伴う骨折端の外尾方向への変位が認められる。

成長板骨折（つづき）

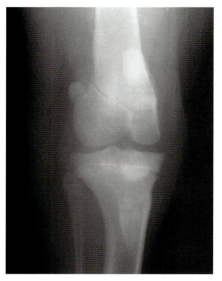

図3-39
成長板骨折（脛骨粗面）の
単純X線検査所見（頭尾側像）

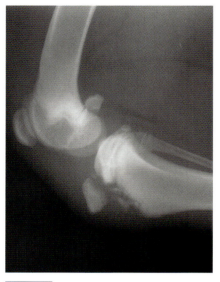

図3-40
成長板骨折（脛骨粗面）の
単純X線検査所見（側面像）

　症例は雑種犬（6カ月齢，避妊雌）で，脛骨粗面の成長板骨折と，それに伴う骨折端の近位方向への変位が認められる。

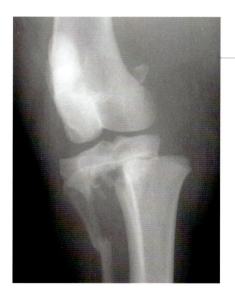

図3-41
成長板骨折（脛骨近位）の単純X線検査所見（頭尾側像）

　症例は雑種犬（9カ月齢，去勢雄）で，脛骨近位の成長板の骨折と，それに伴う骨折端の外方への変位がX線画像上で明らかである。

第3章　後肢の跛行診断

膝蓋骨脱臼（膝蓋骨不安定症）

　膝蓋骨脱臼（膝蓋骨不安定症）は先天的異常であり，すべての年齢，すべてのサイズの犬において後肢跛行の原因となるが，とくに成長期の小型犬に発症することが多い。本疾患は，異常の程度を軽度「グレードⅠ，グレードⅡ」と重度「グレードⅢ，グレードⅣ」に大きく分けて考えると理解しやすい。参考までに，膝蓋骨脱臼のグレーディング・システムの概要を**表3-1**に示す。膝蓋骨脱臼に対する診断検査のポイントを以下に要約する。

膝蓋骨脱臼に対する診断検査のポイント

- **シグナルメント**
  とくに重度な症例は，成長期（1歳齢以下）の小型犬に多く認められる。

- **姿勢**
  軽症例ではほぼ正常な姿勢を示すが，重症例においては，内方脱臼では"がに股／O脚（**図3-42**，**図3-43**）"，外方脱臼では"内股／X脚（**図3-44**）" を示す。

- **歩様**
  軽症例では間欠的な跛行が特徴的である。つまり，脱臼時には後肢を挙上し，整復時には正常な歩行を示す。重症例は，"がに股（内方脱臼）あるいは内股（外方脱臼）のぎこちない歩き"の歩様異常を示すことが多い。

- **触診**
  膝蓋骨そのものの不安定性または脱臼の触診に加えて，膝関節可動域の減少や大腿筋量の減少がしばしば触知される。

- **単純X線検査**
  重度な異常（異所性）は非常に若い時期（2カ月齢）で確認できる（**図3-45**，**図3-46**）。単純X線検査所見は，軽症例ではほぼ正常だが（**図3-47**，**図3-48**），重症例では転位した膝蓋骨に加えて（**図3-45**，**図3-46**，**図3-49**，**図3-50**，**図3-51**），さまざまな骨格変形が認められる（**図3-50**，**図3-49**，**表3-2**）。

- **その他の特殊検査（CT検査，超音波検査）**
  滑車溝の評価を行う際に，CT検査や超音波検査（スカイライン像）が有用である（**図3-52**，**図3-53**，**図3-54**）。

- **その他の後肢整形外科疾患との鑑別**
  小型犬では大腿骨頭壊死症，大型犬では股関節形成不全やOCDなどを除外する必要がある。

- **前十字靱帯疾患の併発の有無を確認**
  膝蓋骨脱臼と前十字靱帯疾患が併発することも多い。その場合は跛行が急性に始まり，単純X線画像上で関節液の増量所見が認められる（**図3-55**，**図3-56**）。跛行の原因は，膝蓋骨脱臼よりも前十字靱帯疾患にあることが多いため，必ず併発の有無を確認する。

膝蓋骨脱臼

表3-1 膝蓋骨脱臼のグレーディング・システムの概要

グレード	I	II	III	IV
身体検査	強制的に脱臼可能	間欠的脱臼（自発的）	恒久的脱臼（整復可能）	恒久的脱臼（整復不可能）
臨床症状	正常～最小限の跛行	間欠的跛行	軽度～重度跛行	重度跛行（膝屈曲）
骨格異常	最小限	軽度	中等度	重度

▼重度の膝蓋骨脱臼に特徴的な姿勢

図3-42 重度の膝蓋骨内方脱臼（側方より見たところ）

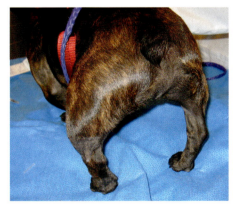

図3-43 重度の膝蓋骨内方脱臼（尾側より見たところ）

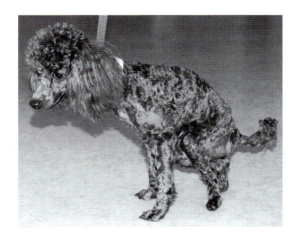

図3-44 重度の膝蓋骨外方脱臼（側方より見たところ）

　重度な膝蓋骨内方脱臼では，"がに股／O脚姿勢（図3-42，図3-43）"が特徴的である。重度な膝蓋骨外方脱臼では，"内股／X脚姿勢（図3-44）"が特徴的である。

第3章　後肢の跛行診断

▼重度（グレードⅣ）の膝蓋骨内方脱臼（非常に若い時期に確認された症例）

症例はトイ・プードル（2カ月齢、雌）で、膝蓋骨の内方への変位が確認できる。

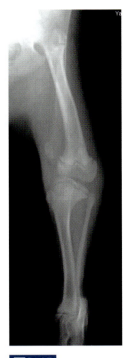

図3-45
単純X線検査所見（頭尾側像）

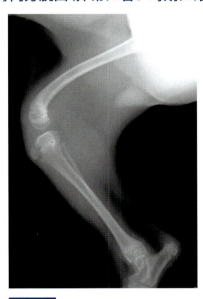

図3-46
単純X線検査所見（側面像）

▼軽度（グレードⅡ）の膝蓋骨脱臼

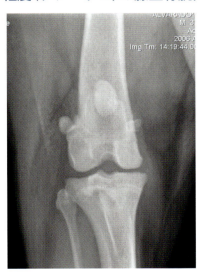

図3-47
単純X線検査所見（前後像）

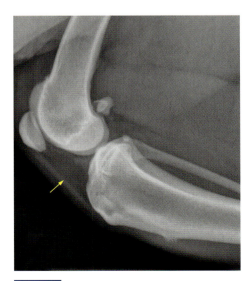

図3-48
単純X線検査所見（側面像）

症例はラブラドール・レトリーバー雑種犬（1歳齢、去勢雄）で、単純X線画像上で明らかな異常所見は認められない。軽度の膝蓋骨内方脱臼では関節液の増量所見は認められないことに注目（矢印）。図3-55、図3-56と比較。

膝蓋骨脱臼（つづき）

▼重度（グレードIV）の膝蓋骨内方脱臼

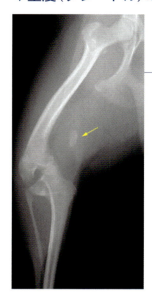

図3-49 単純X線検査所見（頭尾側像）

症例は，ヨークシャー・テリア雑種犬（7カ月齢，去勢雄）

▼重度（グレードIV）の膝蓋骨外方脱臼

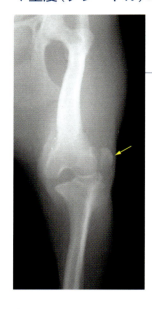

図3-50 単純X線検査所見（頭尾側像）

症例は，トイ・プードル雑種犬（8カ月齢，去勢雄）

重度の膝蓋骨脱臼では，変位した膝蓋骨（矢印）とさまざまな骨格変形が認められる。

表3-2 重度な膝蓋骨脱臼に関連する骨格変形

内方脱臼	外方脱臼
■ 大腿四頭筋の内方変位 ■ 膝関節低形成（浅い滑車溝など） ■ 脛骨近位の内旋変形 ■ 後肢骨格のS字状変形（大腿遠位の彎曲など） ■ 股関節，足根関節の変形	■ 膝関節低形成（浅い滑車溝など） ■ 脛骨近位の外旋変形 ■ 後肢骨格の変形（大腿遠位の彎曲など） ■ 股関節，足根関節の変形

▼特殊撮影X線検査

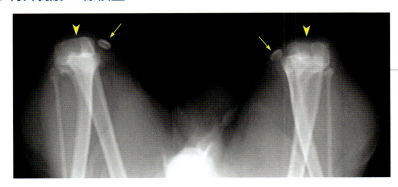

図3-51
膝蓋骨内方脱臼のX線検査所見（スカイライン像）

　膝関節を屈曲し，真上からX線を投射する"スカイライン"と呼ばれる特殊撮影を行えば，転位した膝蓋骨（矢印）と浅い滑車溝（矢頭）を確認することができる。

▼その他の特殊検査（CT検査，超音波検査）

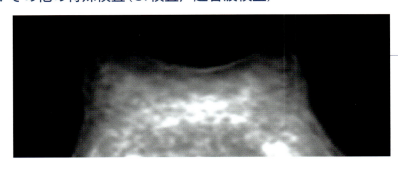

図3-52
滑車溝のCT検査所見①

　CT検査によるスカイライン像（正常例）。

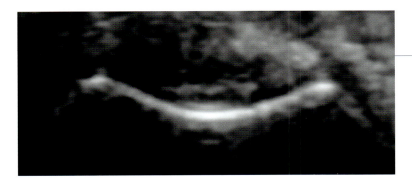

図3-53
滑車溝の超音波検査所見②

　超音波検査によるスカイライン像（正常例）。超音波検査では骨のラインは高エコーな線として描出されるため，滑車溝の形態評価に有効である。

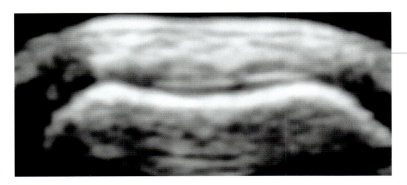

図3-54
滑車溝の超音波検査所見③

　超音波検査によるスカイライン像（内方脱臼グレードⅣの症例）。図3-53（正常例）と比べて滑車が浅いことに注目。

膝蓋骨脱臼（つづき）

▼軽度（グレードⅡ）の膝蓋骨内方脱臼と前十字靭帯疾患の併発症例……………………

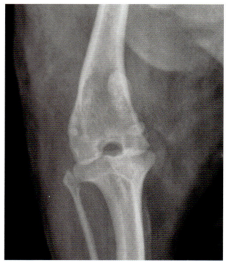

図3-55　単純X線検査所見（頭尾側像）

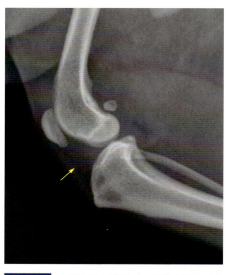

図3-56　単純X線検査所見（側面像）

　本症例は中型の雑種犬（2歳齢，去勢雄）で，膝蓋骨内方脱臼と前十字靭帯疾患を併発していた。このタイプの症例は，急性の跛行を主訴および病歴とすることが多い。関節液の増量所見（fat pad sign）が単純X線画像上に認められることに注目（矢印）。図3-47，図3-48と比較。

第3章 後肢の跛行診断

膝関節離断性骨軟骨症（OCD）

　膝関節OCDは，成長期の大型犬，とくにグレート・デーンなどの超大型犬に多く認められる先天的異常で，重度な後肢跛行の原因となる。本疾患はシグナルメント・病歴（跛行）・関節腫脹の触知により疑うことができ，X線画像上で大腿骨外側顆尾側部にX線透過性亢進領域を確認することで確定診断が得られることが多い（図3-57，図3-58）。また，関節鏡検査または関節切開術を行い，軟骨および軟骨下骨の欠損やOCD遊離骨軟骨片を直接目視することでも確定診断ができる（図3-59，図3-60，図3-61，図3-62）。

膝関節OCD

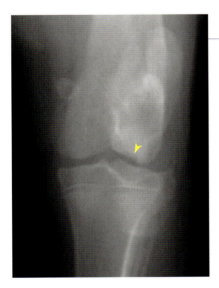

図3-57 膝関節OCDの典型的な単純X線検査所見（頭尾側像）

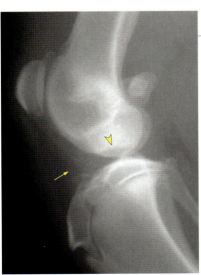

図3-58 膝関節OCDの典型的な単純X線検査所見（側面像）

　症例はジャーマン・シェパード（5カ月齢，去勢雄）で，関節液の増量所見（矢印）と大腿骨外側顆尾側部にX線透過性亢進領域（矢頭）が認められる。

膝関節OCD（つづき）

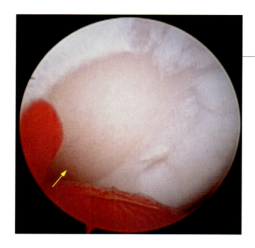

図3-59
膝関節OCDの関節鏡検査所見①

症例はグレート・デーン（9カ月齢，避妊雌）で，大腿骨外側顆尾側部の軟骨および軟骨下骨の欠損（図3-59：矢印）と，膝関節腔内のOCD遊離骨軟骨片（鉗子で把持）（図3-60：＊）が認められる。

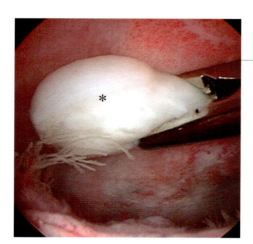

図3-60
膝関節OCDの関節鏡検査所見②

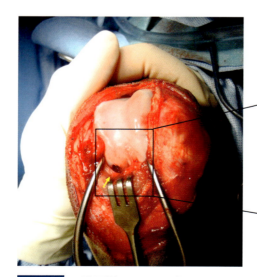

図3-61 膝関節OCDの手術所見

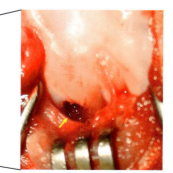

図3-62
膝関節OCDの手術所見（拡大）

症例はボクサー（6カ月齢，去勢雄）で，軟骨および軟骨下骨の欠損が認められる（矢印）。

第3章　後肢の跛行診断

前十字靭帯疾患（前十字靭帯断裂とそれに関連する病態）

　前十字靭帯疾患は中大型犬における後肢跛行の原因として最も一般的な疾患で，明らかな後肢の跛行が特徴的である。すべての年齢，すべてのサイズの犬において発症するが，成犬の大型犬に最も一般的に認められる。患者には大きな外傷や病歴がないことが多く，"庭で遊んでいたら急に跛行しはじめた"というような主訴で来院することが多い。本疾患は，多くの患者において外科的な介入なしでは完全な機能回復が困難な疾患であり，滑膜炎・骨棘形成・半月板損傷などの重篤な病態を併発したり，しばしば両側性に認められるため，単に"前十字靭帯断裂"ではなく"前十字靭帯疾患"と呼ばれる。脛骨圧迫テスト（Tibial compression test）や脛骨前方引き出しテスト（Cranial drawer test）などの膝関節の不安定性を評価する検査が診断に利用されるが，必ずしもすべての患者においてこれらの検査結果がpositiveになるわけではない。少なくとも，前十字靭帯疾患の最も重要な所見である関節液増量の有無を評価するための，膝蓋靭帯触診テストおよびX線検査を必ず行う。前十字靭帯疾患に対する診断検査のポイントを以下に要約する。

前十字靭帯疾患に対する診断検査のポイント

■ **はじめに明らかな異常を鑑別**
膝関節の重度な腫脹や激痛は，化膿性（細菌性）関節炎や腫瘍性疾患がより疑わしいのでそれらをまず鑑別することが必要である。

■ **歩様**
さまざまな程度の跛行を示す。

■ **視診（立位）**
患肢への負重を嫌がり，時折，患肢を挙上する（**図3-63**）。

■ **視診（座位）**
お座りをさせると，患肢の屈曲が不完全で足を投げ出したような格好になる（Sit test/positive：お座りテスト陽性）（**図3-64**）。

■ **触診（立位）**
立位で後方から膝関節を伸展させると痛がる（**図3-65**）。また，立位で負重した状態で膝蓋靭帯の境界が明確に触知できない。正常な膝関節であれば膝蓋靭帯の内側縁と外側縁が指で触知でき，親指と人差し指で膝蓋靭帯を"つまむ"ことができる。膝蓋靭帯の不明瞭化は関節液の増量を意味し，前十字靭帯疾患の最も重要な身体検査所見（膝蓋靭帯触診テスト）（**図3-66**）であり，膝関節の不安定性が感知できない患者においても必ず認められる（後述のX線検査を参照のこと）。

■ **触診（横臥位）／膝関節の安定性評価**
膝関節の安定性を評価する検査として，脛骨圧迫テスト（Tibial compression test）（**図3-67**）や脛骨前方引き出しテスト（Cranial drawer test）（**図3-68**）がよく行われる。これらの検査は前十字靭帯が完全に断裂した場合にはpositiveとなるが，必ずしもすべての症例においてpositiveにはならないことに注意する必要がある（**表3-3**）。

147

前十字靭帯疾患に対する診断検査のポイント（つづき）

- **単純X線検査**
  単純X線画像上で関節液の増量所見が必ず認められる（膝蓋靭帯触診テストの結果に確信がもてない場合でも明確に確認可能）（図3-69，図3-70，図3-71，図3-72）。慢性経過により二次的な骨棘形成や骨硬化像が認められることもある（図3-73，図3-74，図3-75，図3-76，図3-77）。また，前述のように，腫瘍性疾患やその他の異常所見がないかを単純X線検査によって必ず確認する。

前十字靭帯疾患

▼身体検査

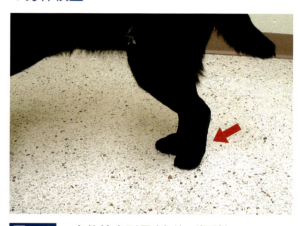

図3-63 身体検査所見（立位／視診）

前十字靭帯疾患の患者は，比較的軽度な跛行を示すものでも，しばしば立位で不完全負重（矢印）のサインを示す。

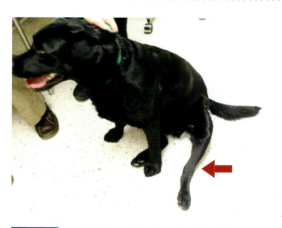

図3-64 身体検査所見（座位／視診）

前十字靭帯疾患の患者は，膝関節の完全屈曲を嫌い，足を投げ出す（矢印）ように座ることがある。（Sit test/positive：お座りテスト陽性）。

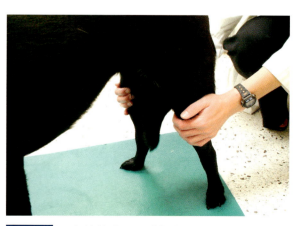

図3-65 身体検査所見（立位／触診）

前十字靭帯疾患の患者は，立位で後方から膝関節を伸展させると疼痛を示すことが多い。また，膝関節内側部に腫脹や疼痛が認められることもある。

図3-66 膝蓋靭帯触診テスト

前十字靭帯疾患の患者では，立位で負重した状態で膝蓋靭帯の境界が明確に触知できない。この所見は，膝関節の関節液増量所見を意味する。

第3章　後肢の跛行診断

■ 超音波検査

超音波検査は，無麻酔かつ無侵襲で唯一関節内の靭帯構造を描出できる方法である。前十字靭帯は他の靭帯と同様に，高エコーの構造として描出される（図3-78）。完全断裂例では靭帯周囲の不整や断端を検出される（図3-79）。しかしながら、前十字靭帯の異常をどの程度正確に検出できるかは今後の検討課題である。

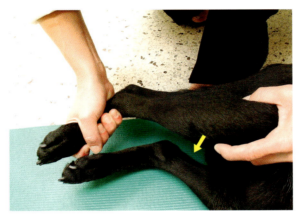

図3-67 脛骨圧迫テスト（Tibial compression test）

前十字靭帯がほぼ完全に断裂した場合には，大腿骨を固定した状態で足根関節を屈曲させると，脛骨近位が前方に飛び出す様子（矢印）が観察される。前十字靭帯疾患のすべての症例においてpositiveではないことに注意。

図3-68 脛骨前方引き出しテスト（Cranial drawer test）

前十字靭帯がほぼ完全に断裂した場合には，大腿骨を固定した状態で脛骨を前方に押すと，脛骨が前方に移動する様子（矢印）が観察される。前十字靭帯疾患のすべての症例においてpositiveではないことに注意。

表3-3
前十字靭帯疾患であっても不安定性を示さない（Tibial compression testあるいはCranial drawer test/negative）おもな理由

- 前十字靭帯が部分断裂している場合
- 患者が緊張し，抵抗しているような場合
- 操作の方法が間違っている場合
- 慢性経過をたどっていて，膝関節周囲組織が肥厚・線維化している場合
- 脛骨がすでに前方に亜脱臼している場合
- 損傷した半月板が楔のように膝関節内にはまり込んでしまっている場合

前十字靭帯疾患（つづき）

▼正常な膝関節の単純X線検査

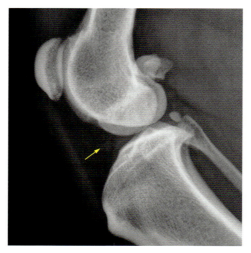

図3-69 単純X線検査所見（側面像）

関節液が占める領域は関節内の小さな部分（矢印）に限定される。図3-71と比較。

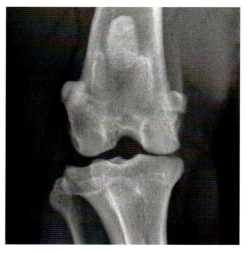

図3-70 単純X線検査所見（頭尾側像）

骨の辺縁がスムースで，周囲軟部組織にも腫脹は認められない。図3-72と比較。

▼前十字靭帯疾患の典型的な膝関節のX線検査

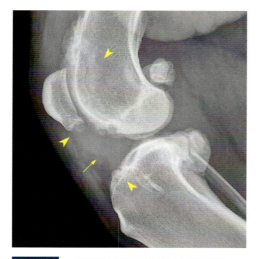

図3-71 単純X線検査所見（側面像）

関節液が占める領域は大幅に前方へ拡大し（矢印），関節周囲のさまざまな部分に骨棘形成（矢頭）が認められる。図3-69と比較。

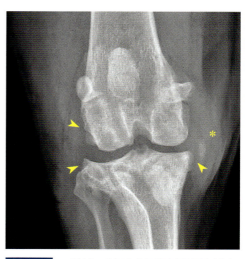

図3-72 単純X線検査所見（頭尾側像）

関節周囲のさまざまな部分に骨棘形成（矢頭）がみられる。また，内側部分の軟部組織の肥厚（＊）が認められる。図3-70と比較。

第3章　後肢の跛行診断

▼前十字靭帯疾患の典型的な膝関節の単純X線検査（経時的変化）

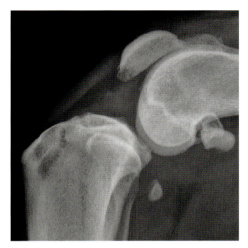

図3-73　単純X線検査所見（側面像）①

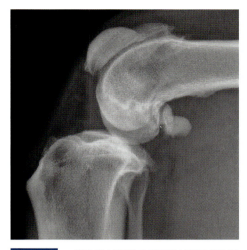

図3-74　単純X線検査所見（側面像）②

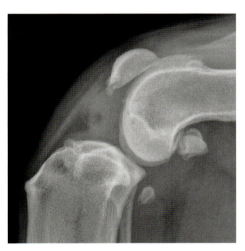

図3-75　単純X線検査所見（側面像）③

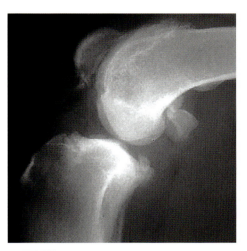

図3-76　単純X線検査所見（側面像）④

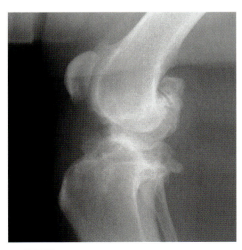

図3-77　単純X線検査所見（側面像）⑤

前十字靭帯疾患では，慢性経過により，二次的な関節症が進行する。写真は同一症例におけるX線画像上の経時的変化を示す（初期①→末期⑤）。

前十字靭帯疾患（つづき）

▼前十字靭帯の超音波検査

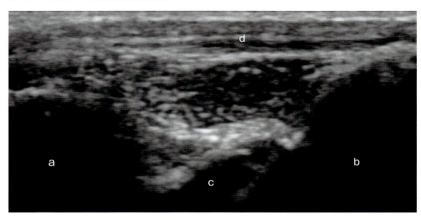

図3-78　正常な前十字靭帯の超音波検査所見（長軸断像）

　正常であれば，大腿骨と脛骨のあいだに連続性のある前十字靭帯が描出される。

a：大腿骨
b：脛骨
c：前十字靭帯
d：膝蓋靭帯

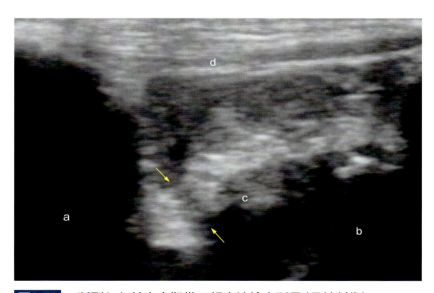

図3-79　断裂した前十字靭帯の超音波検査所見（長軸断像）

　靭帯の連続性が失われている（矢印）

a：大腿骨
b：脛骨
c：前十字靭帯
d：膝蓋靭帯

第3章　後肢の跛行診断

半月板損傷

　犬の半月板損傷は，ほとんどの場合，前十字靭帯疾患に関連して発症する。とくに，前十字靭帯の完全断裂や重度な部分断裂に伴う膝関節の前後方向の不安定性によって二次的に半月板が損傷することが多い。また，前十字靭帯疾患を治療するために膝関節安定化手術を実施した後にも半月板損傷が起こることがある。半月板損傷のメカニズムを理解するために，参考までに膝関節の主要構造を**図3-80，図3-81，図3-82**に示す。臨床的に問題となる半月板損傷は，ほとんどが内側半月の後角に発生する。これは，前十字靭帯が断裂して脛骨が前方に引き出されると，脛骨と大腿骨内側顆によって内側半月の後角が挟まれて潰れるために起こるものと考えられる。

　半月板損傷は，前十字靭帯疾患の診断法（前述）に準じて診断を進めていく。臨床症状と病歴をもとに半月板損傷併発の仮診断を下すが，外科的な目視以外に決定的な診断法はない。半月板損傷に対する診断検査のポイントを以下に要約する。

半月板損傷に対する診断検査のポイント

■ **歩様，視診，他**
前十字靭帯断裂によって引き起こされる後肢跛行に加え，半月板損傷が併発するとさらに跛行が重度になるのが特徴的であり，後肢挙上やつま先のみの接地歩様などを示す。通常，前十字靭帯疾患の患者は負重性の後肢跛行を示し，症状は数週間にわたって徐々に少しだけ改善する。これに対し，前十字靭帯断裂に加えて半月板損傷を併発した患者は急性に非負重性の跛行を示し，症状の改善は数週間が経過してもほとんど認められない。また，前十字靭帯断裂を治療するために膝関節安定化手術を実施した後に，順調に回復している患者が突然，後肢挙上などの症状を示す場合は，続発性の半月板損傷を疑うべきである。

■ **触診**
膝関節を触診（屈曲−伸展，脛骨前方引き出しテスト〈Cranial Drawer test〉など）すると，"半月板クリック"と呼ばれる明確な捻髪音を触知できることがある。

■ **画像検査**
画像検査は，半月板が石灰化している稀な場合を除いて有用ではない。現在もMRI検査・超音波検査・関節造影による診断検査が検討されているが，犬の半月板損傷をそもそも静止画像で検出すること自体に限界があると考えられる。半月板損傷はしばしば動的であるため（裂傷部分が後肢の位置やその動きによって，関節内に出てきたり，正常位置に戻ったりする），静止画像による検出法では限界がある。

■ **関節鏡検査，関節切開**
現在のところ，半月板損傷の動的な病変を捉えるため，関節鏡による診断検査が提唱されている（**図3-83，図3-84，図3-85，図3-86，図3-87**）。また，関節切開による直接目視によっても診断可能である（**図3-88，図3-89，図3-90，図3-91**）。

153

膝関節および半月板の肉眼所見

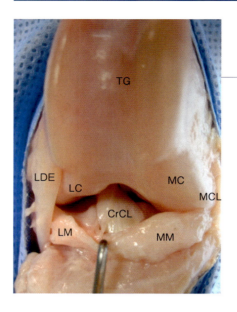

図3-80
正常な右膝関節頭側面の主要構造と半月板の位置関係（膝蓋靭帯，関節包は切除）

LM：外側半月
MM：内側半月
CrCL：前十字靭帯
LC：大腿骨外側顆
MC：大腿骨内側顆
LDE：長指伸筋腱
MCL：内側側副靭帯
TG：滑車溝

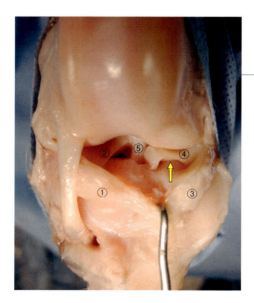

図3-81
正常な右膝関節頭側面の主要構造と半月板の位置関係（膝蓋靭帯，関節包，前十字靭帯は切除）

　前十字靭帯の切除により，脛骨が前方引き出しの位置に転位している。内側半月の後角が脛骨と大腿骨内側顆によって挟まれて潰れていることに注目（矢印）。これが前十字靭帯断裂による半月板損傷のメカニズムと考えられる。

①：外側半月の前（頭）角
②：外側半月の後（尾）角
③：内側半月の前（頭）角
④：内側半月の後（尾）角
⑤：後十字靭帯

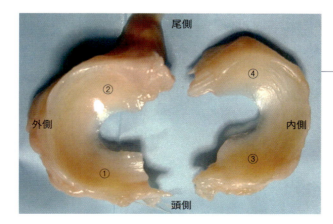

図3-82
正常な半月板の上方からの肉眼所見（図3-80，図3-81と同様な配置）

①：外側半月の前（頭）角
②：外側半月の後（尾）角
③：内側半月の前（頭）角
④：内側半月の後（尾）角

半月板損傷

▼関節鏡検査による半月板損傷の診断

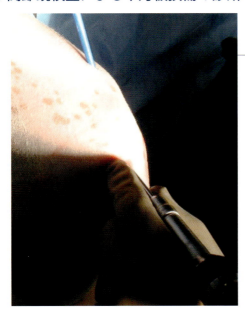

図3-83
半月板損傷診断のための関節鏡によるアプローチ

　本法は，小切開で関節内のほぼすべての構造を可視化することができ，また半月板損傷の動的な病変も確認可能であるが，技術的に難しく特殊な器具を必要とする。

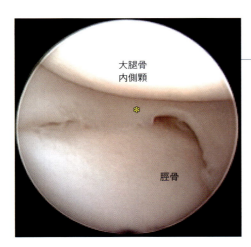

図3-84
正常な犬の内側半月の関節鏡検査所見

　比較的正常な内側半月（*）と思われる。

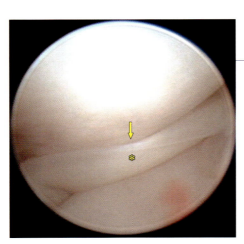

図3-85
前十字靱帯断裂の犬の内側半月の関節鏡検査所見

　前十字靱帯が断裂している場合は，脛骨の前方引き出し運動とともに，内側半月（*）の後角（矢印）が大腿骨内側顆と脛骨のあいだに押し出され，潰される所見が得られる。

半月板損傷（つづき）

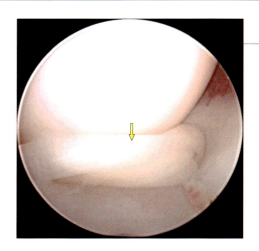

図3-86 典型的な半月板損傷の関節鏡検査所見①

内側半月の後角が完全に分離し，前方に変位している（矢印）。正常の場合は，内側半月の後角は後方に位置しており，関節内には出てこない（図3-84参照）。このタイプの半月板損傷は，強い疼痛の原因となる。

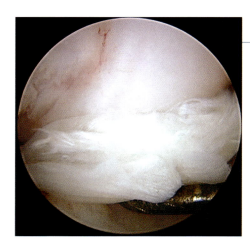

図3-87 典型的な半月板損傷の関節鏡検査所見②

内側半月の後角が部分的に分離して前方に変位し，典型的な"バケツの柄状"を呈している。プローブを用いて半月板を丁寧に触診することによって，隠れている可能性のある半月板損傷の動的な病変を検出することができる。

第3章　後肢の跛行診断

▼関節切開による半月板損傷の診断

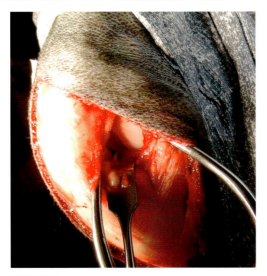

図3-88　内側関節切開によるアプローチ

　本法は，内側半月の後角が確認しやすく，また切開が小さくて済むので，外側関節切開術（図3-89参照）より優れる。ゲルピー開創器で関節包を牽引し，センリトラクターで脛骨を前方へ引き出し半月板を観察する。

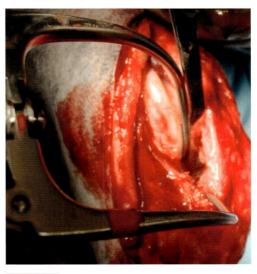

図3-89　外側関節切開によるアプローチ

　本法は，内側半月の後角が確認しづらく，また大きな切開と膝蓋骨の脱臼を必要とする。ウォーラス開創器とホーマンリトラクターで脛骨を前方へ引き出し半月板を観察する。

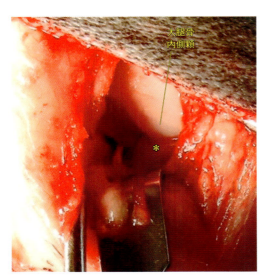

図3-90　半月板損傷の肉眼所見①（内側関節切開によるアプローチ）（図3-91と同一症例）

　断裂した内側半月の後角（＊）を，大腿骨内側顆の下に確認することができる。

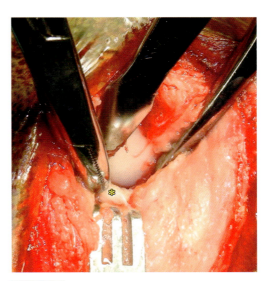

図3-91　半月板損傷の肉眼所見②（内側関節切開によるアプローチ）（図3-90と同一症例）

　図3-90の状態からホーマンリトラクターでさらに脛骨を前方へ引き出し，モスキート鉗子で内側半月の後角の断裂部分（＊）を確保しているところ。

長趾伸筋腱（Long Digital Extensor：LDE）の異常／起始部の剥離，転位・脱臼，断裂，石灰（鉱質）化

　長趾伸筋腱は，膝関節内の大腿骨外側顆より起始し，膝関節内を通過する唯一の腱組織である。この腱には起始部の剥離，転位・脱臼，断裂，石灰（鉱質）化などが生じる可能性があり，しばしば膝関節痛や後肢跛行の原因となることがある。発症には外傷が関連することが多いが，犬種特異的に非外傷性に発生することもあり，成長期の若齢のグレート・デーンには起始部の剥離が，さまざまな年齢のドーベルマンには石灰化が認められることがある。長趾伸筋腱の異常の診断は困難な場合が多く，若齢の大型犬

長趾伸筋腱の異常

▼長趾伸筋腱起始部の剥離

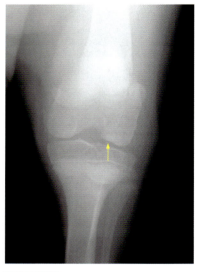

図3-92　単純X線検査所見（頭尾側像）

　症例は亜急性の後肢跛行を示したグレート・デーン（5カ月齢，雄）で，単純X線画像上で著しい関節液増量所見（＊）が認められ，シグナルメント（成長期の大型犬）と臨床症状から膝関節OCDが疑われた。頭尾側像（図3-92）において，OCDの好発部位である大腿骨外側顆に平坦化（矢印）が疑われたためOCDが示唆されたが，側面像（図3-93）において正常な曲線を描く大腿骨顆（矢頭）が確認されたためOCDの可能性は低いと判断した。そのため，斜位方向の撮影（図3-94：斜位方向像）を追加してさらに診断を進めたところ，関節内にX線不透過性の塊（矢印）が発見され，長趾伸筋腱起始部の剥離と診断された。

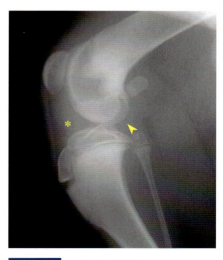

図3-93　単純X線検査所見（側面像）

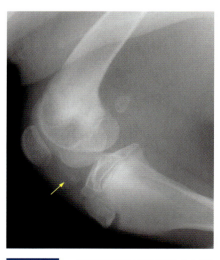

図3-94　単純X線検査所見（斜位方向像）

第3章　後肢の跛行診断

では，膝関節OCDや膝蓋骨脱臼が認められない場合に長趾伸筋腱の異常を疑う（図3-92，図3-93，図3-94，図3-95，図3-96，図3-97，図3-98）。成犬では，腫瘍性疾患・膝蓋骨脱臼・前十字靭帯疾患が認められない場合に，長趾伸筋腱の異常を疑う。単純X線検査において，標準撮影法によるX線画像（頭尾側像および側面像）上で骨片や石灰化部分を確認できることもあるが（図3-95，図3-96，図3-97，図3-98），標準撮影法では発見することができず，病変の検出に斜位方向撮影によるX線画像が必要な場合もあるので注意を要する（図3-92，図3-93，図3-94）。したがって，長趾伸筋腱の異常を確定診断するためには，超音波検査（図3-99）や関節鏡検査（図3-100）が必要となることもある。

▼長趾伸筋腱起始部の剥離と石灰化

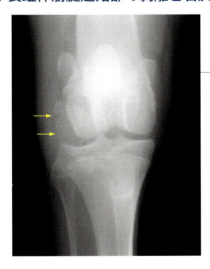

図3-95　単純X線検査所見（左側，頭尾側像）

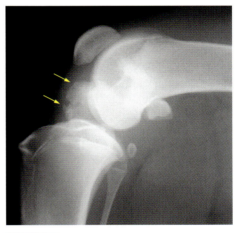

図3-96　単純X線検査所見（左側，側面像）

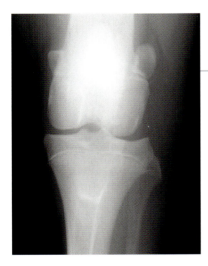

図3-97　単純X線検査所見（右側，頭尾側像）

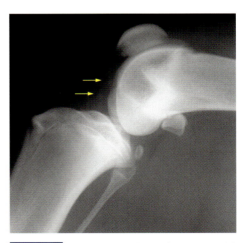

図3-98　単純X線検査所見（右側，側面像）

症例は慢性の両側性の後肢跛行を示したグレート・デーン（10カ月齢，雄）で，単純X線画像上で左側膝関節内にX線不透過性の大型の塊が認められ（図3-95，図3-96：矢印），長趾伸筋腱起始部の剥離と石灰化と診断された。また，右側膝関節内にもX線不透過性の小型の塊が認められ（図3-97，図3-98：矢印），長趾伸筋腱起始部の剥離と診断された。

長趾伸筋腱の異常（つづき）

▼長趾伸筋腱起始部の超音波検査

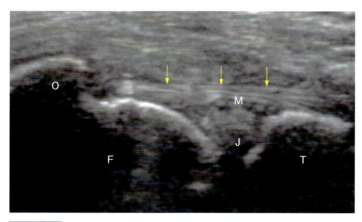

図3-99 正常と思われる長趾伸筋腱の超音波検査所見

　超音波画像上で長趾伸筋腱（矢印）の走行が明瞭に描出される。剥離や石灰化がある場合には，それが起始部から離れた位置にあることを確認できる。また，断裂がある場合には，断裂部分や腱の線維走行の不整を確認できる。図は，超音波プローブを長軸に沿って適用した場合を示す。

F：大腿骨
T：脛骨
O：長趾伸筋腱の起始部
M：長趾伸筋
J：関節腔

▼長趾伸筋腱起始部の関節鏡検査

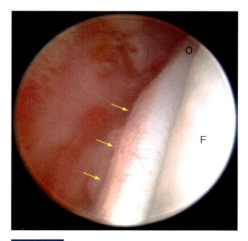

図3-100 正常と思われる長趾伸筋腱の関節鏡検査所見

　関節内を走行する長趾伸筋腱を明瞭に確認することができる（矢印）。剥離，石灰化，断裂，転位などの異常がある場合には，それらが直接確認できる。

F：大腿骨
O：長趾伸筋腱の起始部

第3章 後肢の跛行診断

腓腹筋種子骨（fabella）の異常／剥離, 転位

　膝関節周囲の種子骨は，軽度の外傷に伴って剥離・転位し，稀に膝関節の疼痛と後肢跛行の原因になることがある。腓腹筋種子骨の剥離・転位が重度な場合には，患者は蹠行（plantigrade：足底歩き）を示すことがある。確定診断は通常，単純X線検査を実施して転位した種子骨を確認することによって行う（図3-101，図3-102）。腓腹筋種子骨の転位は，しばしば無症状かつ両側性に認められることもあるため，その他の膝関節の異常を除外した上で慎重に診断および治療を行う。

腓腹筋種子骨の異常

▼外側腓腹筋種子骨の転位

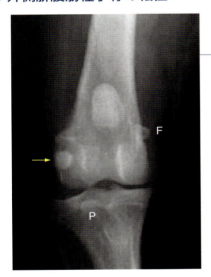

図3-101
単純X線検査所見（頭尾側像）

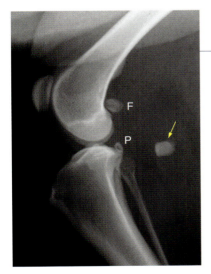

図3-102
単純X線検査所見（側面像）

F：内側腓腹筋種子骨
P：膝窩筋種子骨

　症例は急性の後肢跛行を示したシェットランド・シープ・ドッグ（5歳齢，去勢雄）で，単純X線画像上で外側腓腹筋種子骨が遠位へ転位していることが確認できる（矢印）。内側腓腹筋種子骨および膝窩筋種子骨は正常な位置にある。腓腹筋種子骨は関節外の構造であるため，通常，関節液の増量所見は認められない。

鑑別すべき整形外科疾患以外の疾患

1. 腫瘍性疾患
　膝関節周囲は腫瘍性疾患の好発部位であるため，成犬においては必ず単純X線検査を行って積極的に微細な異常所見を探し，これらを見逃さないようにすることが重要である（図3-103，図3-104，図3-105，図3-106，図3-107，図3-108，図3-109，図3-110）。

2. 免疫介在性多発性関節炎（IMPA）
　免疫介在性多発性関節炎は膝関節を侵すこともあり，シグナルメント（成犬であること），臨床症状（ぎこちない，何となく痛そうな歩様異常），身体検査所見（多関節の腫脹と疼痛）により，強く疑うことができる。関節穿刺によって採取した関節液の細胞診により確定診断を行う（図3-111）。

3. 化膿性（細菌性）関節炎，真菌性骨髄炎
　感染性（化膿性，細菌性，真菌性）の関節炎は，犬では珍しい。これらの疾患は，触診時の激痛や熱感，または体の他の部分の感染症の存在などにより，強く疑うことができる。関節穿刺によって採取した関節液の細胞診または培養試験などにより確定診断を行う（図3-112，図3-113）。

鑑別すべき整形外科疾患以外の疾患

▼骨肉腫（大腿骨遠位）

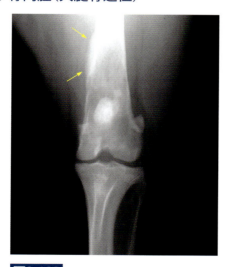

図3-103
単純X線検査所見①（頭尾側像）

　症例はオーストラリアン・シェパード（8歳齢，雄）で，重度の跛行と膝関節周囲の著しい疼痛を示し，単純X線画像上で骨膜の変化（矢印）が明らかである。生検による病理組織学的診断は骨肉腫であった。

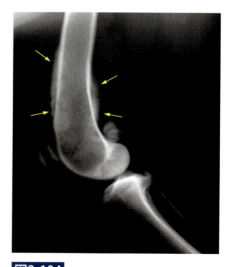

図3-104
単純X線検査所見②（側面像）

　症例はゴールデン・レトリーバー（9歳齢，去勢雄）で，重度の跛行と膝関節周囲の著しい疼痛を示し，単純X線画像上で骨膜の変化（矢印）が明らかである。生検による病理組織学的診断は骨肉腫であった。

第3章　後肢の跛行診断

鑑別すべき整形外科疾患以外の疾患（つづき）

▼骨肉腫（脛骨近位）

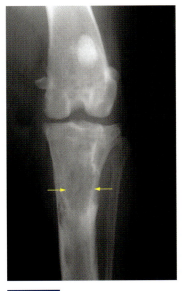

図3-105
単純X線検査所見（頭尾側像）

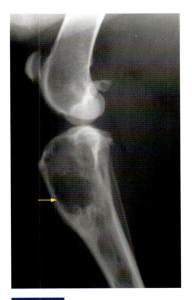

図3-106
単純X線検査所見（側面像）

　症例はラブラドール・レトリーバー（7歳齢，去勢雄）で，重度の跛行と膝関節周囲の著しい疼痛を示し，単純X線画像上で骨破壊像（矢印）が認められた。生検による病理組織学的診断は骨肉腫であった。

▼滑膜肉腫（膝関節）

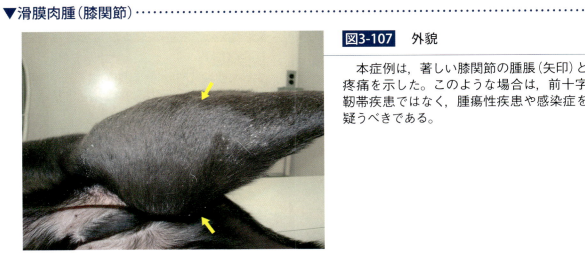

図3-107　外貌

　本症例は，著しい膝関節の腫脹（矢印）と疼痛を示した。このような場合は，前十字靱帯疾患ではなく，腫瘍性疾患や感染症を疑うべきである。

鑑別すべき整形外科疾患以外の疾患（つづき）

▼滑膜肉腫（膝関節）

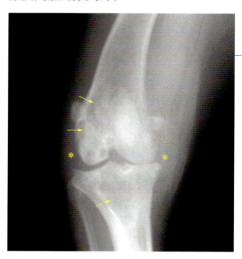

図3-108
単純X線検査所見（頭尾側像）（初診時）

　単純X線画像上で，膝関節をまたいだ大腿骨と脛骨の両方に骨破壊像（矢印）が認められた。また，膝関節周囲の軟部組織に腫脹（*）も確認された。

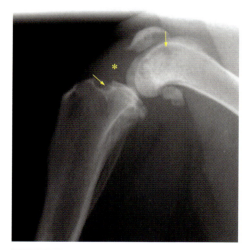

図3-109
単純X線検査所見（側面像）
（図3-108より1カ月後に撮影）

　単純X線画像上で，膝関節をまたいだ大腿骨と脛骨の両方に骨破壊像（矢印）が認められた。また，関節内のX線不透過性亢進像（*）も確認された。

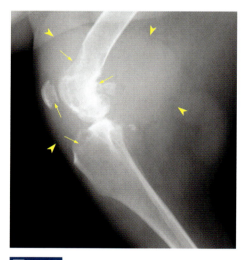

図3-110
単純X線検査所見（側面像）
（図3-108より2カ月後に撮影）

　単純X線画像上で，膝関節全域・大腿骨・脛骨・膝蓋骨に広範囲に広がった骨破壊像（矢印）と，広範囲に及ぶ軟部組織の著しい腫脹（矢頭）が認められた。

　症例はゴールデン・レトリーバー（10歳齢，避妊雌）で，重度の跛行と膝関節周囲の著しい腫脹を示した。生検による病理組織学的診断は滑膜肉腫であった。本症例では，初診時に断脚を選択すべきであったと考えられる。

▼その他の疾患

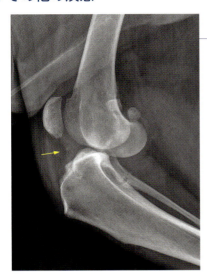

図3-111 免疫介在性多発性関節炎の単純X線検査所見

関節液の増量所見（矢印）が認められたが，複数の関節の腫脹と著しい膝関節の不安定性も認められたため，免疫介在性疾患が疑われた。本症例は，関節液の細胞診により免疫介在性多発性関節炎と診断された。前十字靭帯および後十字靭帯ともに二次的に断裂しており，膝関節の亜脱臼が認められた。

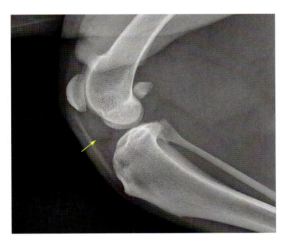

図3-112 化膿性（細菌性）関節炎の単純X線検査所見

関節液の増量所見（矢印）が認められたが，激痛を示したため，前十字靭帯疾患よりも感染症が疑われた。本症例は，関節液の細胞診により細菌性（化膿性）関節炎と診断された。

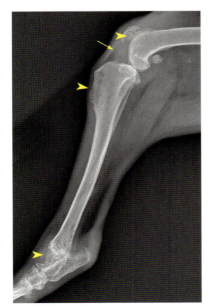

図3-113 真菌性骨髄炎の単純X線検査所見

関節液の増量所見（矢印）が認められたが，その他の骨性変化（矢頭）が認められたため，前十字靭帯疾患よりも骨髄炎が疑われた。本症例は，血清学的検査により真菌性骨髄炎と診断された。

下腿，足根関節およびその周囲の異常に対する跛行診断
Lameness Examination in Dogs : Tarsal Conditions

　後肢跛行の原因としては，股関節の異常（大腿骨頭壊死症，股関節形成不全，脱臼，骨折など）や膝関節の異常（膝蓋骨脱臼，汎骨炎，OCD，前十字靱帯疾患など）が一般的であるが，これらが認められなかった場合は，下腿，足根関節，足根部，肢端部を注意深く検査する必要がある。本項では，後肢跛行の原因として足根関節およびその周囲の異常を疑う症例に対する診断検査の手順を解説する。

はじめに

　まず最初に，STEP1～9（シグナルメントと主訴～第三次仮診断）を経て，下腿，足根関節およびその周囲の異常をリストアップする。下腿，足根関節およびその周囲の整形外科的異常として，先天性／成長性疾患である足根関節離断性骨軟骨症（OCD）（若齢の大型犬のみ）や遠位脛骨形成不全（ダックスフンドなど），外傷性疾患であるアキレス腱断裂症や側副靱帯損傷，変性性疾患であるアキレス腱炎や骨関節症（OA）（成犬および大型犬に多く認められる），浅指屈筋腱脱臼（転位）（シェットランド・シープドッグやコリーで多く認められる）などが挙げられる。また，整形外科学的異常のほかに，炎症性疾患である免疫介在性多発性関節炎（Immune Mediated Poly-Arthropathy：IMPA）（成犬）が挙げられる。これらは通常，患者のシグナルメント（犬種，サイズ，年齢），病歴，簡単な身体検査，単純X線検査によって，ある程度鑑別することができる。

　続いて，STEP10（診断計画，診断検査）を進めていくが，この際にとくに重要なことは，下腿および足根関節痛の原因となり得る内科疾患（骨髄炎，IMPAなど），神経性疾患，腫瘍性疾患（転移性骨腫瘍など）を鑑別除外することである。これらの疾患が疑わしい場合は，血液検査をはじめ，それらの診断検査を優先して行うことが大切である。

第3章　後肢の跛行診断

足根関節離断性骨軟骨症（OCD）

　足根関節離断性骨軟骨症（OCD）は，成長期（4〜9カ月齢）の大型犬に認められ，重度な後肢跛行の原因となる。本疾患は両側性に発症する場合もある。診断は比較的容易で，視診（図3-114，図3-115）・触診（図3-116）・2方向の単純X線検査（図3-117，図3-118，図3-119，図3-120）によって確定診断することが可能である。早期手術が推奨されるため，早期に診断を下すことが重要である。

足根関節OCD

▼身体検査

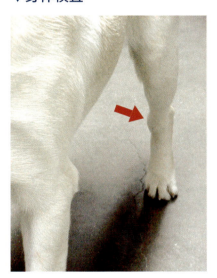

図3-114
身体検査所見（立位／視診）

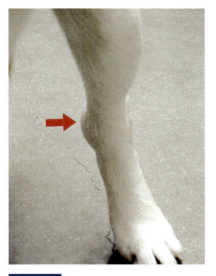

図3-115
身体検査所見（立位／視診）
（病変部拡大）

　足根関節OCDの重度な症例では，視診のみで著しい腫脹（矢印）を確認することができる。

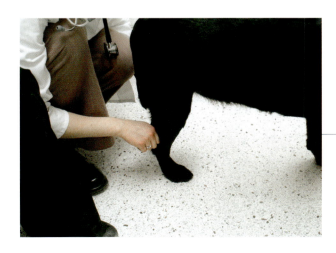

図3-116
身体検査所見（立位／触診）

　足根関節の触診は，立位で行うほうが腫脹の有無を確認しやすい。内果と外果（内側および外側の骨果突起／くるぶし）をまず触診し，その尾側方に踵骨（かかと）に向かって指を動かす。足根関節OCDの場合は，内果・外果と踵骨のあいだに液体貯留様の腫脹が触知できる。

167

足根関節OCD（つづき）

▼単純X線検査

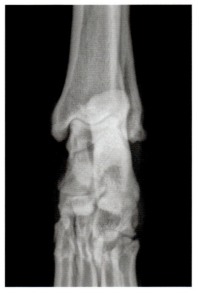

図3-117
正常な足根関節の
単純X線検査所見（頭尾側像）

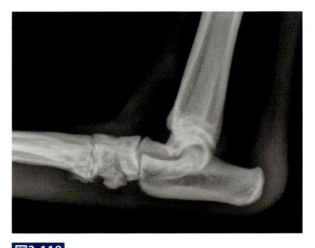

図3-118
正常な足根関節の
単純X線検査所見（側面像）

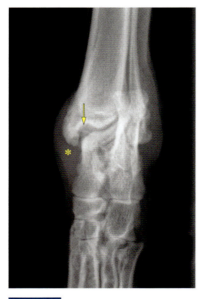

図3-119
足根関節OCDの典型的な
単純X線検査所見（頭尾側像）

　足根関節の関節腔の拡大と，距骨内側稜の欠損（矢印）が明らかに認められる。また，関節の腫脹（*）も確認できる。図3-117（正常）と比較。

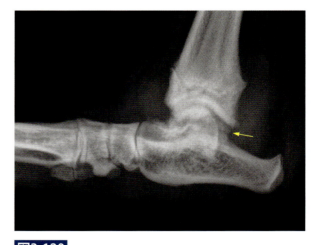

図3-120
足根関節OCDの典型的な単純X線検査所見（側面像）

　滑らかな円形の輪郭の欠如と，尾側部距骨内側稜の欠損（矢印）が明らかに認められる。図3-118（正常）と比較。

アキレス腱（総踵骨腱）の異常

アキレス腱（総踵骨腱）とは，浅指屈筋腱，腓腹筋腱，大腿二頭筋・薄筋・半腱様筋の腱部の総称である。アキレス腱には，外傷性の断裂，慢性の炎症による部分断裂，石灰化，骨折などのさまざまな異常が起こり，これらは後肢跛行の原因として重要である。

図3-121にアキレス腱断裂症の模式図を示す。アキレス腱のうち浅指屈筋腱が断裂せずに残っている場合には，足根関節がある程度沈んで足先が屈曲するが（図3-122），腓腹筋腱や浅指屈筋腱などアキレス腱がほぼ完全に断裂している場合には，足根関節が完全に沈んで蹠行（plantigrade：足底歩き）を示す（図3-123）。診断は，一般的に視診（図3-122，図3-123参照）・触診（図3-124）・単純X線検査（図3-125，図3-126，図3-127）によって行われるが，超音波検査（図3-128，図3-129）が有用な場合が多い。

アキレス腱（総踵骨腱）の異常

図3-121 アキレス腱断裂の模式図

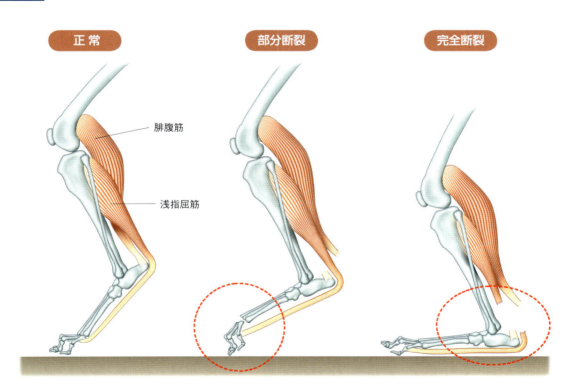

アキレス腱のうち，浅指屈筋腱が断裂せずに残っている場合には，足根関節がある程度沈み，足先が屈曲する（図3-122参照）。

腓腹筋腱，浅指屈筋腱など，アキレス腱がほぼ完全に断裂している場合には，足根関節が完全に沈み，蹠行（plantigrade：足底歩き）を示す（図3-123参照）。

アキレス腱（総踵骨腱）の異常（つづき）

▼身体検査

図3-122 アキレス腱部分断裂の身体検査所見（立位／視診）

　浅指屈筋腱が残存している場合には、足先が屈曲する（矢印）のが特徴的である（図3-121参照）。

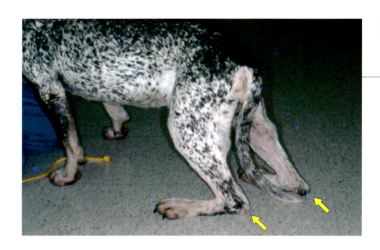

図3-123 アキレス腱完全断裂の身体検査所見（立位／視診）

　アキレス腱（腓腹筋腱、浅指屈筋腱など）がほぼ完全に断裂している場合には、足根関節が完全に沈む（矢印）のが特徴的である（図3-121参照）。両側性にも起こり得る。

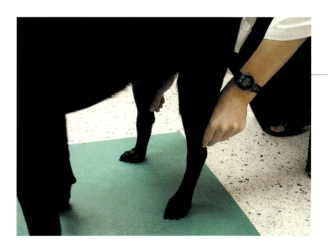

図3-124 アキレス腱断裂の身体検査所見（立位／触診）

　両手を両アキレス腱に同時に当てて上下に移動し、腫脹・連続性・明瞭性・緊張度を評価する。アキレス腱が断裂している場合には、腫脹を触知することができる。また、断裂からある程度時間が経過している場合には、アキレス腱断端が腫瘤状に変化（断端腫）する。

第3章　後肢の跛行診断

▼単純X線検査

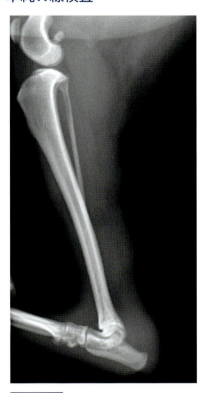

図3-125
単純X線検査所見（側面像）①

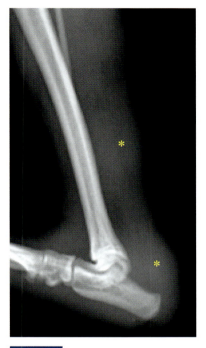

図3-126
単純X線検査所見（側面像）②

　症例はポメラニアン（2歳齢，雌）で，芝刈り機に巻き込まれて重度の外傷を負う。1カ月後，傷は治癒したが跛行が残存していた。膝関節は伸展位であるのに，足根関節が過屈曲していることに注目。アキレス腱部には，著しい腫脹（＊）が2カ所に認められる。

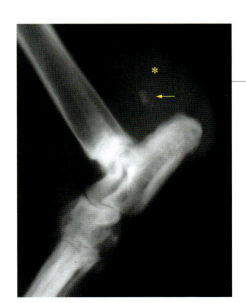

図3-127
アキレス腱の慢性炎症による部分断裂の単純X線検査所見（側面像）

著しい腫脹（＊）と断裂部分の石灰化（矢印）が認められる。

アキレス腱（総踵骨腱）の異常（つづき）

▼超音波検査

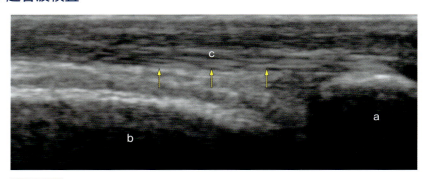

図3-128
アキレス腱の超音波検査所見（正常例）

線維パターンを示す正常な腱の走行（矢印）を確認することができる。

a：踵骨
b：脛骨
c：アキレス腱

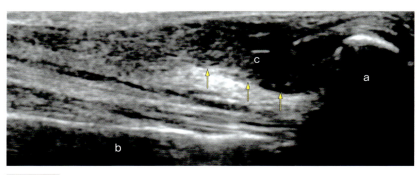

図3-129
アキレス腱の超音波検査所見（図3-125，図3-126と同一症例）

断裂し腫大したアキレス腱断端（矢印）が認められ，腱の走行は確認されない。

a：踵骨
b：脛骨
c：アキレス腱

第3章　後肢の跛行診断

浅指屈筋腱脱臼（転位）

　浅指屈筋腱脱臼（転位）はシェットランド・シープドッグやコリーにおいてとくに多く認められる疾患で，間欠性の軽度の後肢跛行の原因となることがある。本疾患は動的な異常で，外側への転位が多いと考えられている。診断は触診によって行われ，足根関節を屈曲位から伸展させるときに踵骨の上を腱が転位する捻髪音を触知することができる（図3-130，図3-131）。

浅指屈筋腱脱臼（転位）

▼身体検査

図3-130
浅指屈筋腱脱臼（転位）の身体検査所見
（立位／触診／屈曲位）

足根関節を屈曲させる。

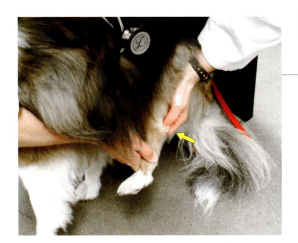

図3-131
浅指屈筋腱脱臼（転位）の身体検査所見
（立位／触診／伸展位）

伸展させるときに踵骨の上を腱が転位する捻髪音を触知することができる。

173

鑑別すべき整形外科疾患以外の疾患

1. 免疫介在性多発性関節炎
（Immune Mediated Poly – Arthropathy : IMPA）

　免疫介在性多発性関節炎（IMPA）は成犬に多く認められる疾患であり，複数の関節の腫脹と，ぎこちない動きを示す歩様異常が特徴的である。どの関節も本疾患に罹患する可能性があるが，足根関節と手根関節の腫脹が最も触知しやすい。診断は，多関節（4〜6関節）の関節液穿刺による細胞診と単純X線検査（図3-132，図3-133）によって行われる。

鑑別すべき整形外科疾患以外の疾患／免疫介在性多発性関節炎（IMPA）

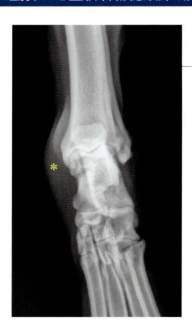

図3-132
免疫介在性多発性関節炎の単純X線検査所見（頭尾側像）

　関節の腫脹（＊）が認められる。骨格の所見は正常である。図3-117（正常）と比較。

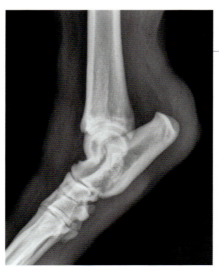

図3-133
免疫介在性多発性関節炎の単純X線検査所見（側面像）

　骨格の所見は正常である。図3-118（正常）と比較。

さくいん

【あ】
アキレス腱炎 ······································45，166
アキレス腱断裂 ····················3，45，166，169
170，171，172

【い】
威嚇反射 ···13
異常肢 ···7

【う】
運動失調 ··6，7

【え】
腋窩触診 ···22，30
腋窩神経叢腫瘍 ······································2
腋窩神経叢損傷 ······································2
遠位脛骨形成不全 ··································166

【お】
お座りテスト ······································148
オルトラニテスト ······························31，37

【か】
加圧X線検査 ·································41，108
回外変形 ··103
外傷性肩関節内方脱臼 ·······················50
外傷性成長板早期閉鎖 ·······················100
外傷性肘関節脱臼 ······························2，43
外反膝 ···9
外方脱臼，膝蓋骨 ······················140，142
滑膜炎 ····················52，54，56，58，147
滑膜肉腫 ······································163，164
化膿性（細菌性）関節炎 ··········133，162，165
簡易神経学的検査 ······························12

寛骨臼骨折 ···114
寛骨臼の変形 ······································118
寛骨臼背側縁像 ······························120，122
関節液貯留 ·······································18，19
関節可動域 ······································16，134
関節鏡検査 ·······································41，48
肩関節不安定症 ······························64
股関節形成不全 ·····························124
膝関節離断性骨軟骨症 ·····················146
上腕二頭筋腱炎 ······························58
上腕二頭筋腱断裂 ·····························61
肘関節顆離断性骨軟骨症 ··········89，91，92
肘突起不癒合 ···································93
長趾伸筋腱の異常 ····························160
内側鉤状突起分離 ·················85，88，92
半月板損傷 ······························155，156
関節切開術 ··157
関節造影検査 ·······································65
完全挙上 ·······································8，9，10

【き】
胸腰椎触診 ···14
棘下筋萎縮 ···18
棘下筋腱拘縮症 ······························43，48，60
棘上筋萎縮 ···18
棘上筋腱 ··56
棘上筋腱炎 ···59
棘上筋腱石灰化症 ·················2，28，30，43
虚血性／非感染性壊死症→大腿骨頭壊死症
虚弱 ···6，7
筋肉量の左右差 ·······························18，19

【く】
グレーディング・システム，膝蓋骨脱臼 ··········140

【け】

脛骨圧迫テスト ··················· 35, 147, 149

脛骨前方引き出し試験 ·············· 147, 149

肩関節（上腕骨）離断性骨軟骨症···48, 51, 52, 53

肩関節外転 ························ 21, 29

肩関節外転テスト ······················ 62

肩関節腱症 ················· 48, 56, 57, 58, 59

肩関節骨関節症 ··············43, 48, 54, 55

肩関節脱臼 ·············· 2, 42, 43, 48, 49, 50

肩関節不安定症 ········ 2, 29, 48, 62, 63, 64, 66

肩関節離断性骨軟骨症 ··················· 68

【こ】

後躯麻痺 ···························· 127

後肢跛行 ····················· 3, 44, 45

後十字靱帯検査 ······················ 35

股関節亜脱臼検査 ················· 31, 37

股関節可動域························· 115

股関節形成不全··········3, 20, 44, 114, 118, 119
                   120, 121, 122, 123, 124

股関節骨関節症 ················ 3, 45, 125

股関節周囲腱炎 ······················· 45

股関節脱臼 ··············· 3, 44, 45, 114

股関節脱臼検査 ··················· 31, 36

股関節標準伸展位腹背像·············120, 121

腰振り歩行 ·························· 10

骨関節症 ············· 3, 48, 54, 55, 95
                      96, 110, 125

骨腫瘍 ·············· 2, 3, 28, 33, 36, 49

骨軟骨フラップ ······················· 52

骨肉腫 ············ 48, 111, 162, 163

固有位置感覚 ················· 15, 128

固有位置感覚検査 ·············12, 15, 17

【さ】

坐骨結節 ······························ 36

【し】

シグナルメント ··················· 2, 3

指骨骨折 ··························· 107

肢端回内 ···························· 9

膝蓋骨外方脱臼 ·············· 31, 34, 140, 142

膝蓋骨脱臼 ·············· 3, 44, 45, 133, 139, 140
                    141, 142, 143, 144

膝蓋骨内方脱臼······34, 140, 141, 142, 143, 144

膝蓋靱帯 ·························· 19

膝蓋靱帯触診テスト ···················· 148

膝蓋靱帯損傷 ······················· 133

膝関節骨関節症 ······················ 45

膝関節離断性骨軟骨症 ·········3, 44, 133, 145

手根関節腫脹検査 ················· 22, 25

手根関節障害 ······················ 108

手根関節過伸展 ···················· 2, 8

種子骨骨折 ························· 107

種子骨損傷 ························ 2, 3

主訴 ···························· 2, 4

腫脹 ····················· 18, 19, 27

腫瘤 ························· 3, 45

腫瘤性疾患 ··········111, 112, 126, 133
                    162, 163, 164

踵骨 ················· 33, 172, 173

上腕骨内側上顆離断性骨軟骨症 ················ 70

上腕二頭筋腱 ···················56, 62

上腕二頭筋腱炎···················· 58

上腕二頭筋腱断裂 ················48, 61

上腕二頭筋腱直接圧迫テスト ············· 29

上腕二頭筋テスト ···················· 29

跛行 ················· 9, 161, 169

真菌性骨髄炎 ……………… 133, 162, 165

神経学的異常 …………………………… 6, 7

神経学的検査 ……………………………… 12

診断計画 ……………… 41, 42, 43, 44, 45

診断検査 ……………… 41, 42, 43, 44, 45

【す】

スカイライン撮影法 ……………………… 57

スカイライン像 ……… 41, 58, 59, 143

【せ】

成長異常 ………………………………… 2, 3

成長板骨折 ……………… 133, 137, 138

成長板障害 ……… 33, 36, 74, 75, 104

成長板早期閉鎖 ………………… 97, 100

脊髄疾患 ………………………………… 2, 3

脊椎腹彎試験 ……………………………… 128

前肢完全挙上 ……………………………… 8

前肢強直 ……………………………………… 8

前肢虚脱 ……………………………………… 8

浅指屈筋腱 ……………… 169, 170, 173

浅指屈筋腱脱臼（転位） …… 3, 166, 173

前肢跛行 ……………… 2, 11, 42, 43

前十字靭帯検査 ………………… 31, 35

前十字靭帯疾患 …… 3, 35, 44, 45, 133, 144, 147
148, 149, 150, 151, 152

前肢彎曲変形 ……………………………… 8

先天性肩関節脱臼 ……… 2, 48, 49, 50

先天性肩関節内方脱臼 ………… 49, 50

先天性肘関節脱臼 ………………… 2, 73

前腕骨折 ……………… 42, 97, 99

前腕触診 ……………………………………… 17

前腕成長異常 ……… 2, 42, 100, 101

【そ】

造影検査 ……………… 130, 131

総踵骨腱→アキレス腱

足根関節骨関節症 ………………………… 45

足根関節腫脹検査 ………………… 31, 33

足根関節過屈曲 ……………………………… 9

足根関節過伸展 ……………………………… 9

足根関節離断性骨軟骨症 ……… 3, 44, 166
167, 168

側副靭帯検査 ……………………………… 35

側副靭帯損傷 ……… 109, 133, 166

側副靭帯断裂 ……………………………… 45

【た】

大腿骨頭壊死症 ……… 3, 44, 114, 116

大腿骨頭骨頸切除術 ……………………… 116

大腿骨頭の変形 ……………… 118, 125

大腿四頭筋拘縮 ……………………………… 3

【ち】

肘関節顆離断性骨軟骨症 …… 82, 89, 90, 91, 92

肘関節形成不全 …………… 2, 78 〜 96

肘関節骨関節症 ……………………… 2, 43

肘関節骨折 ……………… 70, 76

肘関節腫脹検査 ………………… 21, 26

肘関節脱臼 ……………………………… 2, 73

肘関節不一致 ……… 42, 70, 74, 75, 94

中手骨骨折 ……………………………… 106

肘突起不癒合 ……… 42, 78, 93

肘突起分離症 ……………… 70, 84

長趾伸筋腱断裂 ……………… 3, 158

腸腰筋損傷 ……………………………………… 3

177

【て】

底側靭帯損傷 ……………………………………… 3

【と】

橈骨−上腕骨脱臼 ………………………………… 73

橈尺骨骨折 ……………………………… 2，99，106

動揺肩→肩関節不安定症

【な】

内側関節上腕靱帯 ………………………………… 62

内側鈎状突起分離症 …… 42，70，78，79，80，81
83，85，86，87，88，92，94

内側上顆不癒合 …………………………… 42，95

内側側副靭帯損傷 ……………………………… 109

内反膝 ……………………………………………… 9

ナックリング …………………………… 8，9，10

軟骨異栄養犬種 …………………………… 42，43

軟骨芯遺残症 …………………………………… 105

軟部組織異常 …………………………………… 41

軟部組織肉腫 …………………………………… 111

【に】

二次性肘関節不一致 …………………………… 42

二次的骨格変形 ………………………………… 49

二頭筋腱炎 ………………… 2，28，29，30，43，58

【ね】

捻挫 ……………………………………………… 108

捻髪音 …………………………………………… 27

【の】

脳神経検査 ………………………………… 12，13

【は】

バニー・ホップ ……………………………… 118

馬尾症候群→腰仙関節症

半月板 ………………………………………… 154

半月板損傷 ………… 133，153，154，155，156，157

汎骨炎 ……………… 2，3，26，28，33，36，42
44，70，77，80，133，136

【ひ】

肥大性骨異栄養症 …………………… 2，3，42，104

肥大性骨症 ………………………… 2，43，110

非負重性跛行 ………………………… 7，8，10，11

【ふ】

負重異常 …………………………………………… 7

負重性跛行 …………………………… 7，8，10，11

負重性歩様異常 ………………………………… 11

不全麻痺 …………………………………………… 7

【ほ】

歩幅異常 …………………………………………… 7

歩幅減少 ………………………………………… 10

歩様 ………………………………………………… 6

歩様異常 ……………………………… 7，118，125

歩様観察 ………………………………… 115，134

歩様検査 ……………………………… 6，8，10

【ま】

麻痺 ………………………………………………… 7

【め】

免疫介在性多発性関節炎 … 2，3，33，43，45，48
112，133，162，165
166，174

【も】

問診 ……………………………………………… 4

【ゆ】

遊離フラップ ………………………………… 52

【よ】

腰仙関節症 …………………… 20, 38, 114, 127, 128
　　　　　　　　　　　129, 130, 131, 132

腰仙椎関節圧迫検査 ……………………… 128

腰仙椎椎間板造影検査 …………… 130, 131

【り】

離断性骨軟骨症 …2, 3, 42, 48, 51, 52, 53, 68
　　　　　　　70, 82, 89, 90, 91, 92, 133
　　　　　　　　145, 146, 166, 167, 168

良性肉芽腫 …………………………………… 112

【欧文で始まる語】

CT検査

　肩関節離断性骨軟骨症 ………………… 68

　股関節形成不全 ……………………… 124

　膝蓋骨脱臼 …………………………… 143

　肘関節不一致 …………………………… 75

　内側鉤状突起分離 ……………………… 87

　腰仙関節症 …………………………… 132

DAR像→寛骨臼背側縁像

FCP→内側鉤状突起分離症

HOD→肥大性骨異栄養症

OA→骨関節症

OCD→離断性骨軟骨症

OFA像→股関節標準伸展位腹背像

O脚→内反膝

PennHIP® …………………………………120, 123

UAP→肘突起分離症

UME→内側上顆不癒合

X脚→外反膝

整形外科疾患に対する身体検査カルテ（例）

【患者名】_____　　　　　　　　　　【検査日】_____

　　　　　　　　　　　　　　　　　　　　　　　　　　　【検査者】_____

【患者の態度（該当するものすべてに○）】

協力的　　　　　　　　　　　　緊張

不安　　　　　　　　　　　　　リラックス状態

ストレス状態　　　　　　　　　その他（　　　　　　　　　　　　）

攻撃的

【患者の状態（該当するものすべてに○）】

起きている状態

鎮静状態

鎮静から覚めかけた状態

【歩様検査】

実施　　　　　　　　　未実施（理由：　　　　　　　　　　　　　　　　　　　　　　　　）

跛行スコア（歩行／速歩）	なし	間欠的	持続的	持続的に負重不可能	補助ありでのみ歩行可	歩行不可
	0	1	2	3	4	5

歩行時の跛行スコア：_____　肢：_____

速歩時の跛行スコア：_____　肢：_____

コメント：_____

_____

_____

機能障害（スコアを○で囲む）	正常な動き	走るときにのみ、少しぎこちない動き	歩行または走るのが困難な、ぎこちない動き	とてもぎこちない動き、促さないと歩行または走るのを嫌がる	歩行を嫌がる、補助が必要、走らない
	0	1	2	3	4

【身体検査（立位）】

実施　　　　　　　　　未実施（理由：　　　　　　　　　　　　　　　　　　　　　　　）

脊椎背部痛：　　　　なし　　あり　　（部位）_____

筋肉の非対称性：　　なし　　あり　　（部位）_____

負重：　　　　　　　対称　　非対称　（部位）_____

関節液貯留：　　　　なし　　あり　　（部位）_____

膝関節内側腫脹：　　なし　　あり　　右後肢　　左後肢　　両側

膝蓋骨：　　　　　　正常　　脱臼　　（方向とグレード）内方　　外方　　1　　2　　3　　4

その他：_____

_____

_____

【身体検査（横臥位）】

実施　　　　　　　　　未実施（理由：　　　　　　　　　　　　　　　　　　　　　　）

異常がみられる関節を○で囲み、下記の表にしたがって左右の区別と程度を記す。

疼痛スコア （操作時の疼痛）	疼痛なし	中程度の疼痛 （嫌がって引っ込める肢に実施）	重度の疼痛 （すぐに肢を引っ込める）
	0	1	2

可動域スコア	制限なし	最大域で 疼痛あり	最大域以下で 疼痛あり	関節への操作 すべてで疼痛あり
	0	1	2	3

疼痛 スコア	可動域 スコア	前 肢 （左右を○で囲む）	コメント
		肢端（指骨関節） R　L	
		手根関節 R　L	
		橈 骨 R　L	
		尺 骨 R　L	
		肘関節 R　L	
		上腕骨 R　L	
		肩関節 R　L	
		肩甲骨 R　L	
		上腕二頭筋 R　L	
		その他 R　L	

疼痛 スコア	可動域 スコア	後 肢 （左右を○で囲む）	コメント
		肢端（趾骨関節） R　L	
		足根関節 R　L	
		脛骨／腓骨 R　L	
		膝関節 R　L	
		膝蓋骨 R　L	
		前十字靭帯 R　L	
		大腿骨 R　L	
		股関節 R　L	
		その他 R　L	

【鑑別診断】

_____

_____

【推奨事項、提案、方針】

追加／鎮静下での検査：　　　不要　　　　必要

X線検査：　　　　　　　　　不要　　　　必要　　（部位）_____　（方向）_____

外科的治療とコスト：_____

_____

_____

フォローアップ（○で囲む）：　　　不要　　　　整形外科的処置　　　　その他の処置（　　　　　　　　　　　　）

◆著者紹介◆

林　慶（Kei HAYASHI）

1993年	東京大学農学部獣医学科卒業　獣医外科学教室
1994年	ウィスコンシン大学大学院　MS（修士）取得
1997年	東京大学大学院　博士号（獣医学）取得
	ウィスコンシン大学大学院　PhD（博士）取得
2003年	ウィスコンシン大学小動物外科レジデント終了
	ミシガン州立大学小動物整形外科　助教授
2004年	アメリカ獣医外科専門医（Diplomate ACVS）　取得
2005年	カリフォルニア大学小動物整形外科　助教授
2010年	日本小動物外科専門医（Diplomate JCVS）　取得
2012年	カリフォルニア大学小動物整形外科　准教授
2013年	コーネル大学小動物整形外科　准教授

現在に至る

　小動物整形外科の臨床，整形外科分野の細胞生物学，生体力学，スポーツ医学の研究，および外科学の教育に従事。

本阿彌宗紀（Muneki HONNAMI）

2008年	麻布大学獣医学部獣医学科卒業　外科学第二研究室
2012年	東京大学大学院農学生命科学研究科獣医学専攻博士課程修了，博士号（獣医学）取得
	東京大学大学院工学系研究科バイオエンジニアリング専攻　特任研究員
2013年	東京大学大学院農学生命科学研究科附属動物医療センター　特任研究員
2014年	同　特任助教

現在に至る

　チタン製インプラント開発，骨再生，関節外科学，運動器超音波検査に関する研究，および小動物整形外科学の教育に従事。

犬の跛行診断
整形外科疾患に対する系統的検査STEPS

2016年6月20日　第1版第1刷発行
2018年4月2日　第1版第3刷発行

著　者	林　慶
	本阿彌宗紀
発行人	西澤行人
発行所	株式会社インターズー
	〒151-0062
	東京都渋谷区元代々木町33番8号　元代々木サンサンビル2階
	編集部　Tel. 03-6407-9690／Fax. 03-6407-9375
	業務部（受注専用）Tel. 0120-80-1906／Fax. 0120-80-1872
	振替口座　00140-2-721535
	E-mail：info@interzoo.co.jp
	https://interzoo.online（オンラインショップ）
	http://www.interzoo.co.jp（コーポレーションサイト）
イラスト	河島正進
デザイン	飯岡恵美子
動画編集	巌　和哉
編集協力	石井圭子
組　版	瞬報社写真印刷株式会社
印刷・製本	瞬報社写真印刷株式会社

乱丁・落丁本は，送料小社負担にてお取り替えいたします。
本書の内容の一部または全部を無断で複写・複製・転載することを禁じます。
Copyright©2016 Kei HAYASHI, Muneki HONNAMI. All Rights Reserved. Printed in Japan
ISBN 978-4-89995-945-8 C3047